BitStarter Kit
与中学生
编程基础

郑剑春 编著

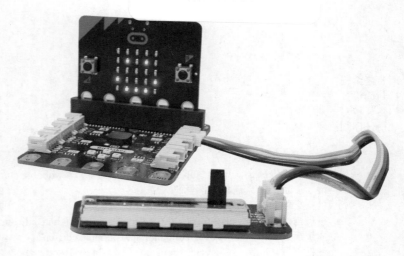

清华大学出版社
北 京

内 容 简 介

本书选用柴火创客 BitStarter Kit 产品，以 micro:bit 开发板作为程序的载体，结合 Microsoft MakeCode 编程软件进行讲解，让初中学生了解编程与人工智能的基础知识，体验编程的乐趣，同时为今后的创新打下扎实的基础。本书对 micro:bit 的大部分指令进行了详细的介绍，知识讲解循序渐进并提供了大量的实用案例。本书可以作为初中教学用书，同时也可以作为 micro:bit 初学者以及创客教师的教学参考用书。

图书在版编目（CIP）数据

BitStarter Kit 与中学生编程基础 / 郑剑春编著 . —北京：清华大学出版社，2020.5
（STEM 教育丛书）
ISBN 978-7-302-55296-3

Ⅰ．① B… Ⅱ．①郑… Ⅲ．①可编程序计算器－程序设计－青少年读物 Ⅳ．① TP323-49

中国版本图书馆 CIP 数据核字（2020）第 056459 号

责任编辑：聂军来
封面设计：刘艳芝
责任校对：刘 静
责任印制：沈 露

出版发行：清华大学出版社
      网　　址：http://www.tup.com.cn, http://www.wqbook.com
      地　　址：北京清华大学学研大厦A座　　　　　　邮　编：100084
      社 总 机：010-62770175　　　　　　　　　　　邮　购：010-62786544
      投稿与读者服务：010-62776969，c-service@tup.tsinghua.edu.cn
      质量反馈：010-62772015，zhiliang@tup.tsinghua.edu.cn
      课件下载：http://www.tup.com.cn，010-83470410
印 装 者：北京博海升彩色印刷有限公司
经　　销：全国新华书店
开　　本：203mm×260mm　　印　张：7　　　　　　字　　数：132千字
版　　次：2020年5月第1版　　　　　　　　　　　印　　次：2020年5月第1次印刷
定　　价：52.00元

产品编号：088210-01

丛书编委会

主　编：郑剑春

副主编：陈　杰　马少武

编　委：（按姓氏拼音排序）

序

　　STEM 是科学（Science）、技术（Technology）、工程（Engineering）和数学（Mathematics）四门学科的简称。STEM 教育并不是科学、技术、工程和数学教育的简单叠加，而是将四门学科内容组合，从而形成有机整体，强调多学科的交叉融合，以便更好地培养学生的创新精神与实践能力。

　　面对我国目前创客教育、STEM 教育开展的现状，许多教师感到困惑，不知道要教什么，如何教。这个问题也是所有培训机构正在考虑的问题。经过初期的发展，各培训机构都认识到，简单的兴趣活动并不能持续地吸引学生，只有合理的课程才能使创客教育活动、STEM 教育活动持续发展。同时家长也提出，我们的孩子参加这些活动，出口在哪里？经过学习，他们会有哪些收获？

　　反思当前的课程体系我们发现，目前的科学课程与学生创新之间缺少连接环节，即工具的选择与使用，这也是目前创客教育、STEM 教育正在研发与推广的课程。这些课程将帮助学生学会选择并掌握工具，学生只有掌握了这些工具并将其用于创新，才会体验到成功的喜悦。

　　现代的学生有多种信息来源，这让他们富于创新的灵感。然而，任何一个创新作品仅有科学原理是不够的，还需要技术、数学这些工具来帮助实现。我们并不缺乏科学的课程，如学校里开设的一些传统课程物理、化学、数学等，但这些课程与我们的生活联系很少，这使得我们在完成某一作品的过程中遇到了很多难以克服的困难，借助哪些工具？如何使用这些工具？这恰恰是我们在开发课程时要考虑的。

考虑到目前各学校对 STEM 课程的需求，在广大同行的支持下，我们根据中国学生的特点，推出了"STEM 教育丛书"。借助这一丛书，汇集各名校的优秀课程，传播国内外 STEM 教育的成果。

我们希望"STEM 教育丛书"能够激发学生探索的兴趣，并动手将他们的创新梦想变成现实。

郑剑春

2016 年 12 月

前　言

　　目前，很多学校已经开设了机器人和人工智能的相关课程，"教什么，如何教"也成为一个很值得探讨的问题。作为信息技术教学的一个重要内容，人工智能教育展示了巨大的生命力。这并不是因为它是一种学生的活动，也不是因为它是学生喜欢参与的比赛项目，而是因为它具有开放性的特点。机器人教育课程覆盖范围十分广泛，可以与各学科的内容相结合，每一年龄段的学生都可以找到与他们接受能力、智力发展相适应的课程，通过机器人教育课程而获得知识与能力的提高并能够参与创新活动。与其他学科相比较，机器人学科可以说是真正意义上的开放性学科，它充分体现了信息时代的特点。机器人学科为学习者提供了一个开源的课程体系，很多传统的学科可以借助机器人变得更加精彩，学生知识的来源也更为广泛，信息获取的渠道也呈现出多样化。在这一领域里，有经验的教师不再是课堂上的引领者，而是课堂上的设计者、学生的指导者。课堂可以根据学生的不同水平、爱好和兴趣定制。学生真正成为学习的主人，他们的学习进度也可以是不统一的，可以根据他们的理解能力和动手实践能力而有所不同。

　　机器人教育作为一个适宜学生参与的活动，可以为学生提供一个参与、协作、交流、展示的平台，让学生在团队协作中学习管理、学习分享、学习沟通，在一个共同的目标下开展互助、分工与合作，也可以在活动中注重对学生人文精神的培养，使学生们从小懂得合作、学会展示、学会交流、学会向优秀者学习，这也是其他任何学生活动都不具有的特点。这一特点也让我们的教学组织方式变得多样化，如项目式教学、学习共同体教学等新的教学形式。

　　只有适合学生年龄、心智发展水平以及动手能力的课程才会产生最好的教学效果，启发学生的创造力并为以后的学习打下坚实的基础，学生才会学有所得、学有所用。为此，我们在学校的支持下，开发了面向小学、初中、高中各年级的人工智能课程，这些课程相互承接，循序渐进，引进了先进的编程方式和设备，通过学习这些课程激发学生们学习和创造的潜能，并能够具有面向世界的眼光。

　　本书在编写过程中得到了韩雪飞老师的大力支持和帮助，在此向韩老师表示衷心的感谢。

郑剑春

2020 年 1 月

目　录

第一课　初识机器人

在机器人课上，教师问同学们，从家中到学校他们见到过哪些机器人，同学们面面相觑，满脸疑惑，难道他们中有谁是机器人吗？

一、谁是机器人

我们都见过楼道中的电梯、行驶的汽车、超市的自动门，还有自动取款机、计算机和手机等物品，这些物品都有一个共同的特点，即需要人们为其设计程序，并可以按照人们的要求来完成工作。人们称这类产品为智能产品，也可称为机器人。机器人的外表并不限于"人"的形状，例如装配机械手、室内自动温控系统、自动电话答录机、烟雾探测报警器等都可以称为机器人。机器人能够代替人类完成重复、乏味或者危险的工作，能够提高人们的生活品质和工作效率。图 1-1 是一款名为"村田顽童"的机器人。它是一款自行车型机器人，它骑车的技能甚至超过了人类，可以在和车轮相同宽度的坡道上骑行，而且即使停车后也不会歪倒。

图 1-1　"村田顽童"机器人

实际上，联合国标准化组织采纳了美国机器人协会给机器人下的定义：机器人是一种可编程和多功能的，用来搬运材料、零件、工具的操作机，或是为了执行不同的任务而具有可改变和可编程动作的专门系统。

虽然各种机器人之间的形状、功能千差万别，但是其构成部分却是相同的，都是由控制器、传感器、能源动力以及反馈系统等部分构成，都是通过传感器感知环境信息的变化，通过中央处理器进行运算处理，最后通过输出装置完成特定的任务。

其中，控制器是机器人的核心部分，它通过连接各种传感器获得信息，进行分析处理，然后发出指令控制机器人的各种动作。本书中，我们将介绍一款十分流行的控制器——micro:bit，并在此基础上结合柴火创客产品 BitStarter Kit 开展学习。

二、micro:bit 是什么

micro:bit 是一款面向青少年编程教育而设计的微型计算机开发板，由英国广播电视公司与微软、三星、ARM、兰卡斯特大学等公司、机构共同开发。通过 micro:bit 开发板，我们可以轻松地制作出游戏、音乐、智能玩具、机器人等各种作品。自推出以来，micro:bit 开发板受到了广大创客人群的喜爱，并成为中小学生编程教育和创客教育入门的首选硬件。micro:bit 开发板的正面和反面如图 1-2 所示。

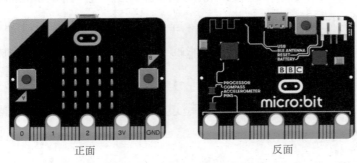

图 1-2 micro:bit 开发板的正面和反面

micro:bit 开发板包括 25 颗独立可编程的 LED 灯、2 个可编程的按钮、连接引脚、光线传感器、温度传感器、加速度传感器、指南针、无线电、蓝牙、USB 接口等电子元件。下面让我们一起认识一下这些电子元件及其作用。

（一）LED 灯

LED 灯是指发光二极管。micro:bit 开发板的正面有 25 颗可独立编程的 LED 灯，如图 1-3 所示，它可以用来显示图文信息。

（二）按钮

micro:bit 开发板正面有 2 个标记了 A 和 B 的按钮。通过这 2 个按钮，可以实现输入功能，如图 1-4 所示。

（三）连接引脚

micro:bit 开发板的边缘有 25 个外部接口，如图 1-5 和图 1-6 所示，这些接口被称为引脚。它们可以用来连接电动机、LED 灯及其他带引脚的电子元件。

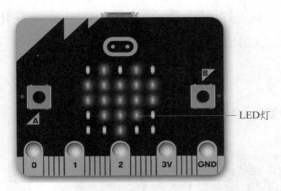

图 1-3 LED 灯

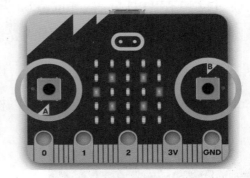

图 1-4 按钮 A 和按钮 B

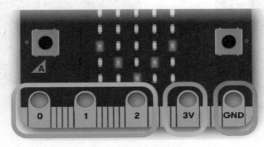

图 1-5 micro:bit 开发板接口（1）

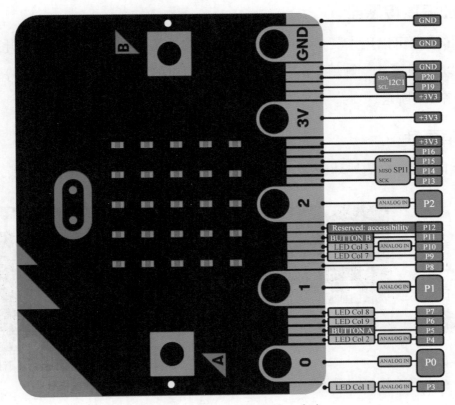

图 1-6 micro:bit 开发板接口（2）

（四）光线传感器

通过反转 LED 灯屏幕，micro:bit 开发板可以进入输入模式。LED 灯屏幕具备光线传感器的作用，可以用来检测周围的光线，光线传感器如图 1-7 所示。

（五）温度传感器

micro:bit 开发板的温度传感器可以检测设备的温度，如图 1-8 所示。

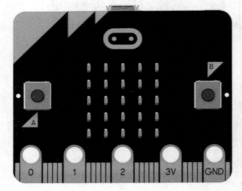

图 1-7　光线传感器

图 1-8　温度传感器

（六）加速度传感器

加速度传感器可以用来测量 micro:bit 开发板的加速度和检测 micro:bit 开发板的移动速度，也可以检测摇动、倾斜、micro:bit 开发板面对的方向以及自由落体等动作。加速度传感器如图 1-9 所示。

（七）指南针

指南针可以用来检测地球磁场，但是在使用之前需要校准，如图 1-10 所示。

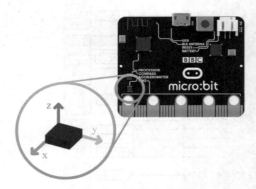

图 1-9　加速度传感器

图 1-10　指南针

（八）无线电

无线电（见图 1-11）可以用于 2 块 micro:bit 开发板之间的无线通信，即可以用无线电将信息发送到其他的 micro:bit 开发板上，从而可以创建多人游戏以及进行更多有趣的发明。

（九）蓝牙

通过蓝牙（见图 1-12），可以让 micro:bit 开发板发送和接收信息，可以让 micro:bit 开发板和计算机、手机以及平板电脑之间进行无线通信，还可以通过 micro:bit 开发板控制手机或通过手机将无线代码发送到 micro:bit 开发板上。

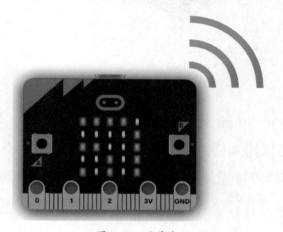

图 1-11　无线电

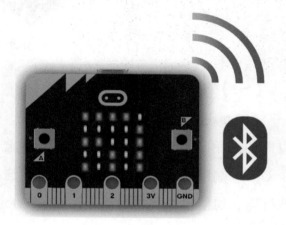

图 1-12　蓝牙

（十）USB 接口

USB 接口（见图 1-13）的作用是可以通过数据线将 micro:bit 开发板与计算机进行连接，也可以通过 USB 接口给 micro:bit 开发板供电，同时可以通过 USB 接口将程序下载到 micro:bit 开发板上。

图 1-13　USB 接口

三、BitStarter Kit 介绍

虽然 micro:bit 开发板具有非常强大的功能，且具有很多的传感器，可以用来学习编程和创作，但是如果 micro:bit 开发板没有连接外接设备，它的应用仍有很大的局限性，这样就需要我们的主角 BitStarter Kit 隆重"登场"了，如图 1-14 所示。BitStarter Kit 是针对 micro:bit 开发板外接设备而开发的扩展板，主要用于连接 micro:bit 开发板和 Grove

模块。BitStarter Kit 包括几百个不同的模块，如传感器、执行器、通信模块和显示器等。使用 BitStarter Kit 可以有助于开发学生们创新的潜能，帮助学生们将创意变成现实。

图 1-14　BitStarter Kit 扩展板及配件

（一）BitMaker 扩展板

BitMaker 是一块卡片大小的扩展板，作为 micro:bit 开发板和 Grove 模块的桥梁，可以即插即用；BitMaker 扩展板内置蜂鸣器，可以用来播放声音；BitMaker 扩展板具有 6 个 Grove 端口（其中一个是 I^2C 端口），这些端口可以连接几百种不同的模块，如传感器、执行器、通信模块和显示器等，如图 1-15 所示。

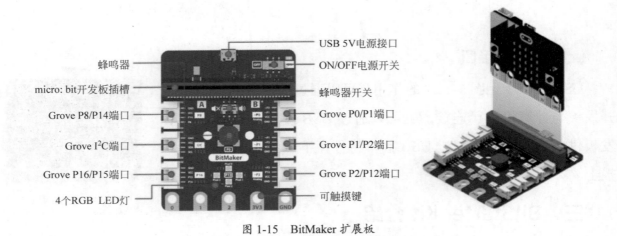

蜂鸣器
micro: bit开发板插槽
Grove P8/P14端口
Grove I^2C端口
Grove P16/P15端口
4个RGB LED灯

USB 5V电源接口
ON/OFF电源开关
蜂鸣器开关
Grove P0/P1端口
Grove P1/P2端口
Grove P2/P12端口
可触摸键

图 1-15　BitMaker 扩展板

（二）超声波测距传感器

超声波测距传感器是一种可以发出和接收超声波的电子元件，如图 1-16 所示，它能检测出 4m 内的障碍物。

（三）迷你风扇

迷你风扇属于输出模块，如图 1-17 所示，它由直流电动机、驱动板、电线以及扇叶组成。当它设定为高电平时，电机转动；当它设定为低电平时，电机不动。迷你风扇可以用于制作风扇相关项目。由于迷你风扇的扇叶柔软，所以风扇的安全性高，即使高速转动也不会对人造成伤害。

图 1-16　超声波测距传感器

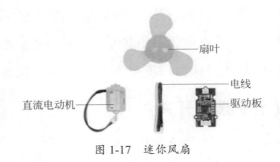

图 1-17　迷你风扇

（四）旋钮开关

旋钮开关属于输入模块，如图 1-18 所示。当旋钮被旋转时，轴的角位置发生改变，电路会将检测到的角位置转换成数字信号，据此判断旋钮是顺时针旋转还是逆时针旋转。通常情况下，顺时针旋转旋钮意味着数值增加（如增加灯光的亮度），而逆时针旋转则意味着数值降低（如降低灯光亮度）。

（五）声音传感器

声音传感器（见图 1-19）可以测量声音的强度，它其实是麦克风的一种。声音传感器可以将检测到的声波模拟信号转换成数字信号，数字信号的范围是 0~1023。我们可以将声音传感器测量到的声音强度与一些特定的参考值进行比较，从而判断周围环境是安静的还是吵闹的。例如，当声音强度低于一个较低的值（具体数值根据环境而定），我们可以认为环境是安静的，这个值也称为"低阈值"；而当声音强度高于一个较高的值（具体数值根据环境而定），我们可以认为环境是吵闹的，这个值也称为"高阈值"。

图 1-18　旋钮开关

图 1-19　声音传感器

（六）光线传感器

光线传感器属于输入模块，如图 1-20 所示。光线传感器可以测量周围的光线强度，并将测量到的光线强度以电压强度的形式在电路中表现出来，这些电压值又会被转化为数字信号发送到微控制器，此时就可以计算光线强度了。我们也可以将光线传感器读取到的光线强度与一些特定的参考值进行比较，从而判断周围环境是昏暗的还是明亮的。例如，当光线强度低于一个较低的值（具体数值根据环境而定），我们可以认为环境是昏暗的，这个值也称为"低阈值"；而当光线强度高于一个较高的值（具体数值根据环境而定），我们可以认为环境是明亮的，这个值也称为"高阈值"。

（七）按键开关

按键开关又称为 Grove-Button，它是一个瞬时按钮，如图 1-21 所示。按键开关包含一个独立的瞬时开关按钮，"瞬时"意味着按钮在释放后会自行弹回。按下时按钮输出 HIGH 信号，松开时按钮输出 LOW 信号。标记的 Sig 表示信号，NC 表示根本不使用。如图 1-21 所示，此按钮有两个版本，它们的唯一区别是 Grove 插座的方向不同。

（八）振动电动机

振动电动机是一种适合作为非听觉指示器的迷你振动电动机，如图 1-22 所示。当输入为高电平时，电动机将像静音模式下的手机一样振动。

图 1-20　光线传感器

图 1-21　按键开关

图 1-22　振动电动机

（九）舵机

舵机是用直流电动机控制齿轮和反馈的系统。舵机主要用于机器人的驱动机构，如图 1-23 所示。

（十）RGB LED 灯带

RGB LED 灯带上有 30 颗 LED 灯，可以通过调节颜色显示出色彩不同的灯效，像彩虹一样。RGB LED 灯带如图 1-24 所示。

舵机——

图 1-23 舵机

图 1-24 RGB LED 灯带

四、拓展与提高

举例说明 BitStarter Kit 中的各种传感器可以应用在哪些领域。

第二课　编程的环境和资源

　　一般情况下，程序编写都是先将编程软件安装在计算机上，通过运行软件编写程序，这种方法在程序的编写、保存、分享等方面有很多的局限性，而且不易获得网络资源的帮助。因此，我们推荐使用一种新型的编程方式——在线编程，即输入一个网址就可以进行程序编写，同时还可以进行成果的分享。

一、学习资源介绍

　　在搜索引擎中输入 makecode.microbit，登录 micro:bit 官方网站，即可进入 micro:bit 主页，如图 2-1 所示。

图 2-1　micro:bit 主页

　　将网页向下拖动，可以依次见到"我的项目""教程"、Games、Radio Games、Fashion、"音乐"、Toys、Science、Tools、"海龟"、Blocks To JavaScript、Courses、Behind the MakeCode Hardware、Coding Cards 等项内容。其中，在本书所编写的程序都显示在"我的项目"中。

（一）教程

初学者通过教程即可学习 micro:bit 的入门知识。教程的相关内容如图 2-2 所示。

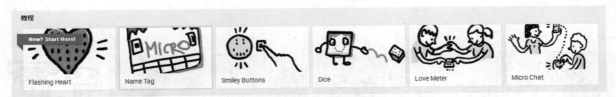

图 2-2　教程

（二）Games 和 Radio Games

Games 和 Radio Games 是针对 micro:bit 开发的小游戏，其中，Radio Games 使用了 micro:bit 开发板的无线通信功能，它可以让多个 micro:bit 开发板同时参与游戏。通过参考和学习这些案例，学生们可以体验游戏的制作过程，加深对 micro:bit 开发板各个功能的了解。Games 和 Radio Games 案例如图 2-3 所示。

图 2-3　Games 和 Radio Games

（三）Fashion 和音乐

micro:bit 开发板可以制作成可穿戴设备，也可以通过外接设备制作时尚的音乐播放器。Fashion 和音乐案例如图 2-4 所示。

图 2-4　Fashion 和音乐

（四）Toys 和 Science

micro:bit 开发板可用于制作智能玩具以及从事科学实验。Toys 和 Science 案例如图 2-5 所示。

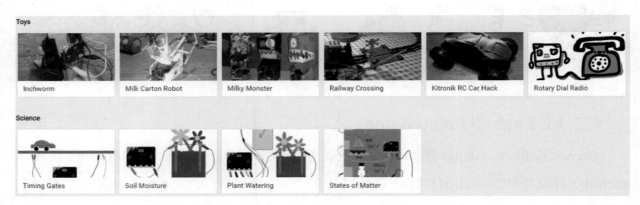

图 2-5　Toys 和 Science

（五）Tools

Tools 部分是指使用 micro:bit 开发板制作测量工具，用于检测加速度等物理量，如图 2-6 所示。

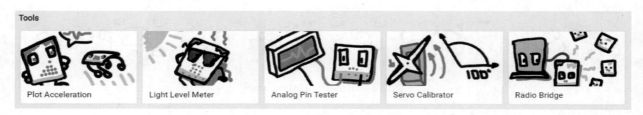

图 2-6　制作测量工具

（六）海龟

海龟部分是指可以调用外接模块的案例，如图 2-7 所示。

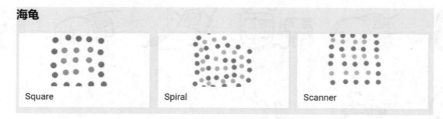

图 2-7　调用外接模块的案例

（七）Blocks To JavaScript

Blocks To JavaScript 是指使用 JavaScript 语言编写的程序。如果切换为 JavaScript 编程状态，那么所有模块将以 JavaScript 指令来显示，如图 2-8 所示。

图 2-8　JavaScript 编写程序案例

除以上内容之外，micro:bit 网站上还有其他的课程资源，如图 2-9 所示。

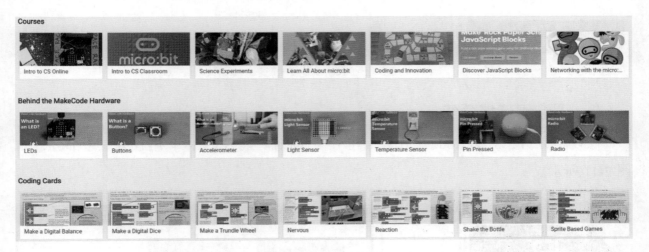

图 2-9　其他的课程资源

以上课程资源不仅为我们提供了丰富的教学内容，同时这些案例也是学生们创作灵感的来源之一，这些内容既可以帮助教师培养学生们学习的兴趣，又能够开拓学生们的眼界。

二、编写第一个程序：Hello world

在 micro:bit 网站的主页上单击 新建项目 按钮，即可跳转到新的网页建立一个新项目，如图 2-10 所示。

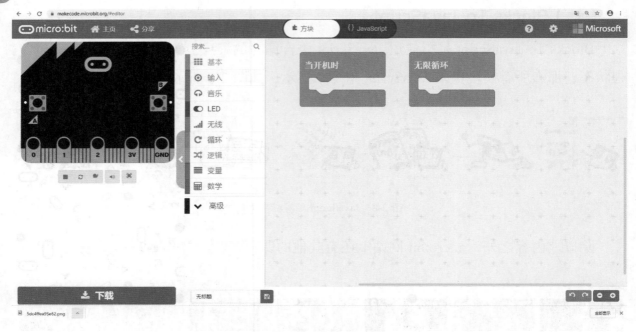

图 2-10　新建项目

（一）编程环境介绍

按功能划分，MakeCode 工作界面可分为模拟器区、指令区和编程区三个部分，如图 2-11 所示。

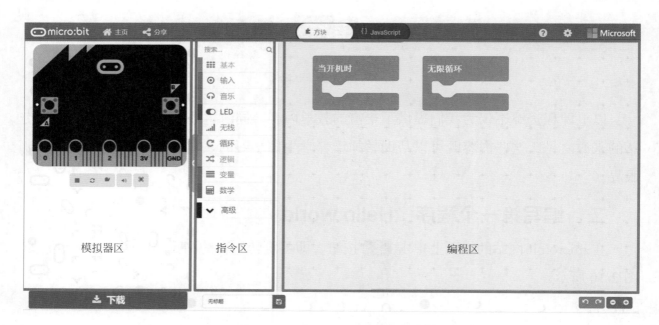

图 2-11　MakeCode 工作界面

（1）在模拟器区可以模拟显示运行结果，其中 ■ ⟳ 🖐 ◄» ⟦⟧ 分别表示运行（停止）、重新启动、慢动作、声音（静音）、全屏显示。

（2）在指令区，单击各个模块的名称后会显示其包含的积木块。其中，"高级"标签下还隐藏了其他模块，如图 2-12 所示，这些积木块即为编程的各种指令。

（3）在编程区，按照编程的规则放置所需要的积木块即可完成程序的编写。

图 2-12 指令区的其他模块

（二）编写程序

通常来说，首次学习编程的人编写的第一个程序为 Hello world，即"世界你好"，我们也将其作为要编写的第一个程序。

 案例

1.任务

编写程序并在屏幕上显示 Hello world。

2.具体步骤

（1）在指令区单击"基本"，即可显示"基本"中包括的积木块，如图 2-13 所示。

图 2-13 展开指令区模块

（2）将显示字符串指令拖入编程区，并将文字"Hello！"改为"Hello world"，如图 2-14 所示，即完成程序。

注意：本软件显示内容不支持中文输入，所以如果输入中文将无法运行程序。

（3）完成程序后，左侧的模拟器区会模拟程序运行并显示运行效果，显示的每一个字符只能从右向左逐一出现，如图 2-15 所示。

图 2-14　完成程序

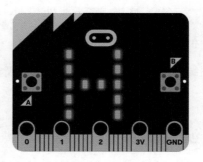

图 2-15　模拟效果

（4）保存文件。在指令区下方输入文件名称后保存文件，如图 2-16 所示。

（5）下载程序并将 micro:bit 开发板与计算机连接，如图 2-17 所示。

图 2-16　保存文件

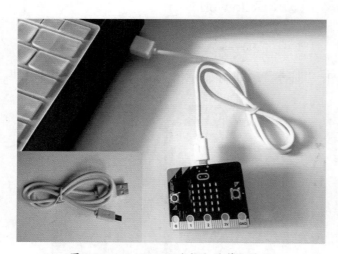

图 2-17　micro:bit 开发板与计算机连接

单击模拟器区的 ⬇下载 按钮即可下载程序，单击 ⬇下载 按钮后会出现如图 2-18 所示窗口。

此时，不要直接单击 microbit-Hello-world.hex ⬇ 按钮，因为计算机会将程序下载到默认的文件夹中，所以要在此按钮上右击，选择"链接另存为"选项，如图 2-19 所示。然后将文件保存到 MICROBIT 盘中，如图 2-20 所示。

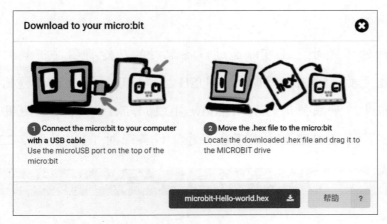

图 2-18　下载窗口

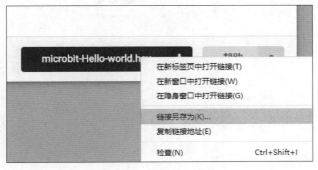

图 2-19　链接另存为

图 2-20　将文件保存到 MICROBIT 盘中

　　下载程序时，micro:bit 开发板与 USB 接口处的指示灯会闪烁，这表示正在下载，如图 2-21 所示。当指示灯停止闪烁后，micro:bit 开发板上的程序才开始运行。

图 2-21　灯光闪烁，表示下载

BitStarter Kit 与中学生编程基础

小贴士：设备配对

　　除了采用上面的方式外，还可以通过设备配对的功能将程序下载到 micro:bit 开发板上。设备配对功能需要通过浏览器的 Wed USB 接口实现，并通过浏览器直接将程序刻录到 micro:bit 开发板中。如果使用的是 Windows 10 操作系统，并且也使用 Chrome 浏览器，那么就可以非常容易地使用这个方式下载程序。设备配对（1）如图 2-22 所示。

图 2-22　设备配对（1）

进入配对设备的界面，如图 2-23 所示。

图 2-23　设备配对（2）

　　单击"设备配对"按钮，如果 micro:bit 开发板已经连接计算机，则会在设备选择界面中看到当前的设备，单击需要配对的设备就可以连接配对了，如图 2-24 所示。

18

图 2-24　连接配对设备

配对之后，主界面会提示设备配对成功，如图 2-25 所示。

图 2-25　配对成功

当计算机和 micro:bit 开发板完成过一次配对后，下次计算机与 micro:bit 开发板连接时就会自动配对。当我们在编程界面中编写好代码后，单击左下角的"下载"按钮，即可看到 micro:bit 开发板上面的指示灯闪烁，程序即成功下载到 micro:bit 开发板中，如图 2-26 所示。

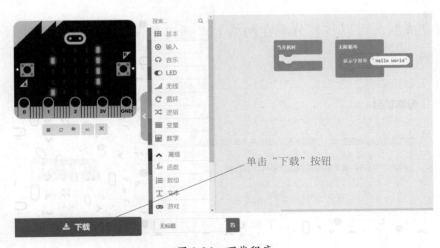

图 2-26　下载程序

三、程序的保存、导入与分享

（一）保存

我们已经编写好的程序会自动保存在浏览器的缓存里，下次打开 micro:bit 网站的主页时，依然可以在"我的项目"中找到。如果想在其他的计算机上继续完成正在编写的程序，就要采用保存项目的方式。在指令区下方的文本框中输入项目文件名称，并单击 🖫 按钮即可保存，如图 2-27 所示。

图 2-27　保存

（二）导入

保存后的程序可以在其他计算机上通过 📤导入 按钮打开，并进行编辑。在 micro:bit 网站主页"我的项目"的右边有 📤导入 按钮，通过单击该按钮，可以将保存在计算机中的程序导入并进行编辑，如图 2-28 所示。

图 2-28　导入

（三）分享

程序编写完成后，可以将其分享在网络上。通过单击模拟器区上方的"分享"按钮，即可发布，如图 2-29 所示。

图 2-29　分享

通过复制图 2-29 中的网址即可在网页上显示我们发布的作品。

四、拓展与提高

熟悉指令区基本模块中的各项指令，制作两个图案，并让它们循环显示。

小贴士：

在下载时，有时会发现 MICROBIT 变成了 MAINTENANCE 标识，这是因为 micro:bit 盘中固件出现了错误，这时要进行修复，否则程序将无法正常运行。

修复步骤如下。

（1）打开 micro:bit 官方网站，从网站上下载最新固件。

（2）将下载的最新固体拖入 MAINTENANCE 盘中即可修复。

第三课 变量与随机数

机器人的优势来源于它强大的运算能力。通过传感器获得信息之后，机器人对这些信息进行处理，并做出相应动作。在这一过程中，需要使用变量存放各种数据，所以，变量是程序设计中的重要因素，任何复杂的程序都会有变量的参与。

一、建立变量

一般情况下，变量的数据类型有文本型、数值型、逻辑型、数组型 4 种。由于 MakeCode 在线编程中将文本、逻辑、数组单独列出，所以 MakeCode 在线编程中所讲的变量是指数值型变量，既可以是整型也可以是浮点型，同时不受文本编程中对变量命名规则的限制，因此很多情况下给变量起个有意义的名字会方便我们记忆和理解。

建立变量的步骤是：在指令区单击"变量"→"设置变量"指令，在弹出的"新变量的名称"对话框中填写变量的名称，最后单击"确定"按钮即可，如图 3-1 和图 3-2 所示。

图 3-1 建立变量（1）

图 3-2 建立变量（2）

单击"确定"按钮后，即可在指令区出现新变量的指令，如图 3-3 所示。

图 3-3 新变量的指令

案例

1. 任务

设计一个计数器，每当按下按钮 A 时，变量数字就加 1。

2. 算法分析

（1）按下按钮 A 是程序运行的事件，此时，我们可以选择"输入"中的"当按钮 A 被按下时"指令，如图 3-4 所示。

（2）变量数字加 1 指令如图 3-5 所示。

图 3-4 当按钮 A 被按下时指令

图 3-5 变量数字加 1 指令

（3）开机或重启 micro:bit 开发板时，将变量设置为 0。

3. 参考程序

计数器的完整程序如图 3-6 所示。

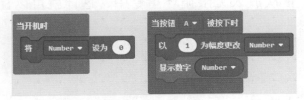

图 3-6 参考程序（1）

二、随机数

随机数是指在程序运行过程中通过随机数指令，产生在一定范围内的随机数值。随机数指令如图 3-7 所示。

图 3-7 随机数指令

随机数在游戏制作过程中经常会被用到，随机数的使用增加了游戏过程的不确定性，进而提高了游戏的趣味性。

案例

1. 任务

在屏幕上，通过随机开启和熄灭 LED 灯，制作出满天繁星的效果。

2. 算法分析

（1）开启 LED 灯的指令也就是绘图指令，如图 3-8 所示。其中，x 和 y 分别为 LED 灯所在的坐标，x 和 y 的取值是 [0，4]。

（2）熄灭 LED 灯的指令也就是取消绘图指令，如图 3-9 所示。

（3）使用随机数指令产生随机坐标。其中，随机数的选择范围 [0，4] 对应的是 LED 灯的坐标值。

（4）开启 LED 灯后，为了不让 LED 灯立即熄灭，需要用到延时指令，也就是暂停指令，如图 3-10 所示。

| 图 3-8 绘图指令 | 图 3-9 取消绘图指令 | 图 3-10 暂停指令 |

（5）将所有的指令依次放入无限循环指令中，这样就可以让放入的指令进入循环状态。

3. 参考程序

完整的程序如图 3-11 所示。

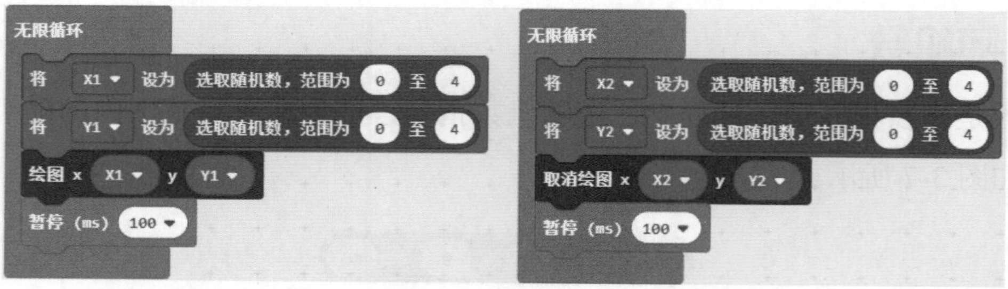

图 3-11 参考程序（2）

三、拓展与提高

使用"显示"与"输入"指令，制作一根温度计，并显示温度。

第四课 循 环

循环包括无限循环、有限循环和条件循环。无限循环是循环的一种特殊情况，大多数情况下，我们用到的是有限循环或条件循环。循环的条件可以是预先设置的数值，也可以是针对传感器的反馈值所进行的比较或逻辑判断。

一、有限循环和无限循环

有限循环是指循环次数为有限次的循环。在指令区单击"循环"按钮即可使用有限循环指令。有限循环指令如图 4-1 所示。

无限循环可以视作是循环结构的一种特殊情况，即可以无限次进行的一种循环。事实上任何一种循环都不会永远执行，无限循环只是一种理想的情况，本书将程序运行的模块指令置于无限循环之中，可以让学生们更方便地调试和观察程序的运行情况。无限循环指令如图 4-2 所示。

图 4-1　有限循环指令

图 4-2　无限循环指令

 案例

1. 任务

制作一个依次出现的箭头，要求当按钮 A 被按下时，向左指示三次；当按钮 B 被按下时，向右指示三次。

2. 算法分析

（1）在指令区单击"基本"→"显示 LED"指令制作向左和向右的箭头图案，如图 4-3 所示。

（2）使用有限循环指令，设置循环次数为 3，箭头依次出现和消失，如图 4-4 所示。

图 4-3　制作左、右箭头

（3）使用按钮作为事件触发指令，当按钮A被按下时，执行有限循环指令。

（4）参照以上思路完成向右箭头的指令。

3. 参考程序

完整的程序如图 4-5 所示。

图 4-4　箭头依次出现和消失

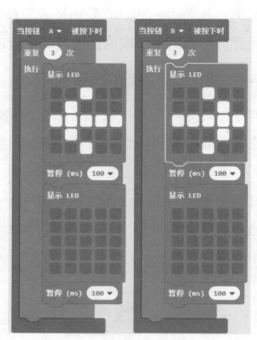

图 4-5　参考程序（1）

二、嵌套循环

将一个循环放入另一个循环内就构成了嵌套循环，这两个循环分别称为内循环和外循环，其中内循环可视作外循环的循环体。

 案例

1. 任务

编写一个程序，让 LED 灯从上到下、从左到右依次点亮，然后再从下到上、从右到左依次熄灭。

2. 算法分析

（1）在绘图指令中，当 x 坐标不变时，通过有限循环让 y 坐标每次加 1，也就是让 y

26

坐标从 0 变到 4，即可实现 LED 灯从上到下依次点亮的效果。

（2）通过有限循环让 x 坐标每次加 1，也就是让 x 坐标从 0 变到 4，即可实现 LED 灯从左到右依次点亮的效果。

（3）综合以上两点，通过嵌套方式即可完成程序。

3. 参考程序

完整的程序如图 4-6 所示。

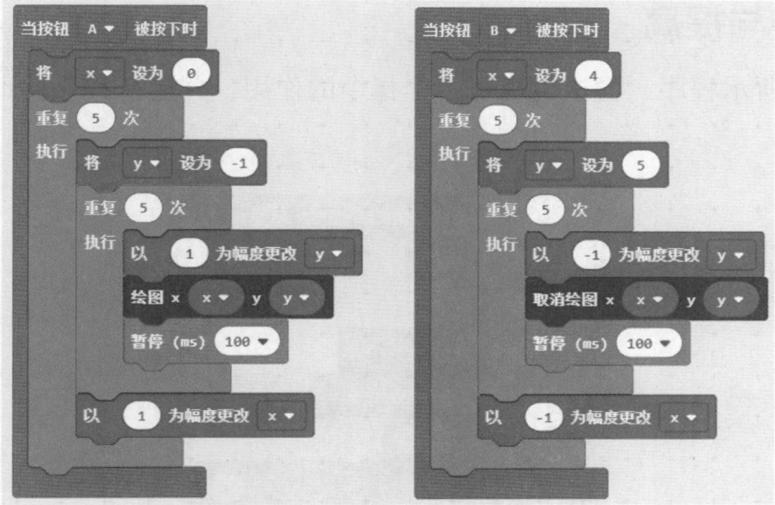

![参考程序图示]

图 4-6　参考程序（2）

三、条件循环

条件循环是指当满足某种条件而执行的循环，也就是说，如果规定的条件发生变化，则不再执行本循环。条件循环指令如图 4-7 所示。

图 4-7　条件循环指令

前面用过的指令"当按钮 A 被按下时"即是一种条件循环，它的条件就是检测到按钮 A 是否被按下，如果这一条件满足，就会不断地重复指令。

图 4-8 是在无限循环中嵌套了一个条件循环，当按钮 A 被按下时（也就是循环条件为真），条件循环就会一直执行，变量 A 会不断增加。

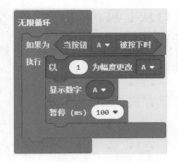

图 4-8　嵌套条件循环

四、拓展与提高

观察图 4-9 所示程序，尝试说出每一个指令的作用，并运行程序验证。

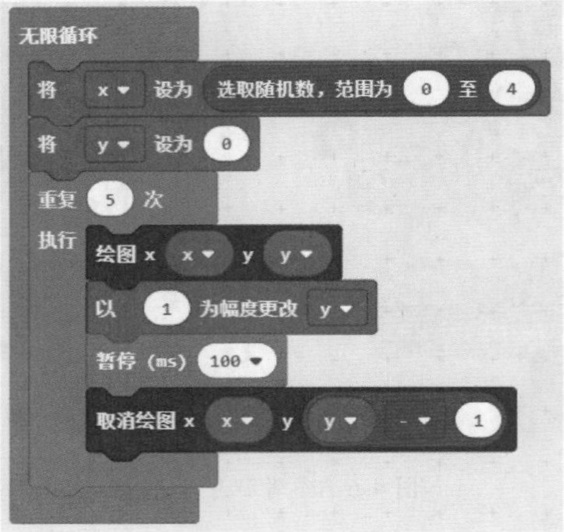

图 4-9　程序

第五课 选择结构

选择结构是程序中一种非常重要的控制结构，也被称为分支结构。它是根据条件是否成立，选择执行某些语句的一种程序结构。

一、单一条件的选择结构

在指令区的逻辑模块中包含了与选择结构有关的指令。其中较为基础的一种是当满足某一条件（条件为真时）时，即执行相应指令，如图 5-1 所示。

当单击如图 5-1 所示指令左下角的 ⊕ 时，就出现了选择结构的另一种形式，即如果满足某一条件，便执行相应指令，否则执行另外的指令，如图 5-2 所示。

图 5-1 单一条件的选择结构指令（1）   图 5-2 单一条件的选择结构指令（2）

二、多条件的选择结构

单击如图 5-2 所示指令左下角的 ⊕ ，就会进入多条件的选择结构。多条件选择结构是指可满足多种不同的条件，而且在满足某一条件时所执行的指令是不同的，如图 5-3 所示。

图 5-3 多条件的选择结构指令

 案例

1. 任务

使用 micro:bit 开发板制作一个可以检测光线强度和温度的测量仪，通过按钮 A 可以分别显示不同的测量结果。

2. 算法分析

（1）通过反转 LED 灯屏幕，使 micro:bit 开发板进入输入模式，从而可以检测周围的光线，测量光线强度。

（2）使用 micro:bit 开发板中的温度传感器，检测温度。

（3）将是否按下按钮 A 作为选择的条件，构建程序的选择结构。

3. 参考程序

完整的程序如图 5-4 所示。

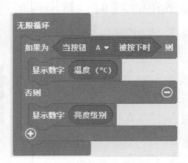

图 5-4　完整的程序

三、拓展与提高

编写一个程序，检测 micro:bit 开发板的方位，并用箭头显示。

第六课　运算、比较和逻辑

MakeCode 编程提供了丰富的数据运算功能，除了基本的数据运算功能外，还提供了许多指令，包括比较与逻辑的模块指令。这些模块使得智能产品可以完成运算、比较和逻辑判断的功能。

一、运算

运算是程序的基本功能，MakeCode 数学模块提供了多种运算指令，不仅包括加、减、乘、除的运算指令，还有其他多种运算指令，如表 6-1 所示。

表 6-1　运算指令

功　能	运　算　指　令	功　能	运　算　指　令
加法	0 + ▼ 0	各种函数	平方根 ▼ 0 ✓ 平方根 sin cos tan atan2 整数÷ 整数×
减法	0 - ▼ 0		
乘法	0 × ▼ 0		
除法	0 ÷ ▼ 0	修改	截断 ▼ 12.5 数值修约 ceiling floor ✓ 截断
求余数	0 ÷ 1 的余数		
比较大小	0 与 0 中的 最小 ▼	产生随机数	选取随机数，范围为 0 至 10
	0 与 0 中的 最大 ▼	约束	约束 0 介于 0 和 0
求绝对值	0 的绝对值	映射	映射 0 从低 0 从高 1023 至低 0 至高 4

二、比较

MakeCode 的逻辑模块中有比较指令。比较运算又称为关系运算，用于比较判断数据的大小（等于、不等于、大于等于、小于等于）关系。在此指令中用于比较的可以是数字，也可以是字符。其指令如图 6-1 和图 6-2 所示。使用该指令时，系统会根据比较结果，输出 True（真）或 False（假）。

图 6-1　字符比较

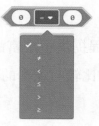

图 6-2　数字比较

 案例

1. 任务

创建一个单控开关，当按一下按钮时，屏幕会显示笑脸，再按一下按钮屏幕则会显示露出的"牙齿"。

2. 算法分析

（1）单控开关并不是指控制电路接通与断开的开关，它可以是按钮，也可以是其他的传感器，可通过一次脉冲信号引起系统状态的改变。

（2）将按钮 A 作为单控开关，第一次按时屏幕显示笑脸，再按时则屏幕显示"牙齿"，依次循环。

（3）因为单控开关只有两种状态，所以可以对应数值的奇偶属性，通过按钮 A 不断改变数值的大小；通过判断奇数和偶数（除以 2 的余数）作为选择的条件，因为奇数和偶数是交替出现的，所以可以根据这一条件制作一个单控开关。

（4）单控开关的应用很广泛，我们可以结合这一程序，举一反三，将这种解决问题的思路应用到更多的研究与设计中。

3. 参考程序

（1）当按钮 A 被按下时，变量的数值加 1。

（2）如果变量为 10 时，将变量 A 赋值为 0，如图 6-3 所示。

（3）将出现的变量除以 2，求余数。因为余数是否为 0 的情况将会依次出现，所以可以此为选择结构的条件，如图 6-4 所示。

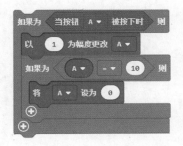

图 6-3　如果变量为 10 时，将变量 A 赋值为 0

图 6-4　变量除以 2 求余数

（4）完整的程序如图 6-5 所示。

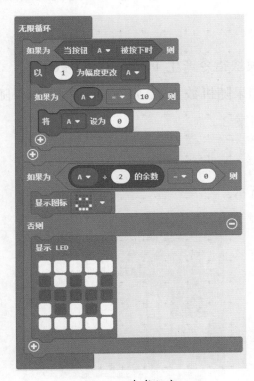

图 6-5　参考程序

三、逻辑

逻辑运算又称为布尔运算，主要用于判断数据间的"与""或""非"以及数据的真或假等关系，如图 6-6 和图 6-7 所示。

"与"表示当两边的条件同时成立时，输出 True，否则输出 False。

"或"表示当两边的条件有一个成立时，输出 True，都不成立时输出 False。

"非"表示条件为真时，输出 False。

图 6-6 逻辑运算（"与""或"）

图 6-7 逻辑运算（"非"）

 **案例 1**

1. 任务

按钮 A 被按下时，micro:bit 开发板会产生一个随机的图案，如锤子、剪刀、布等。

2. 算法分析

（1）可以使用随机数模块指令产生 1、2、3 三个数字。

（2）使用选择结构，如果随机数为 1，则对应图案 1；如果随机数为 2，则对应图案 2；如果随机数为 3，则对应图案 3。

3. 参考程序

完整的程序如图 6-8 所示。

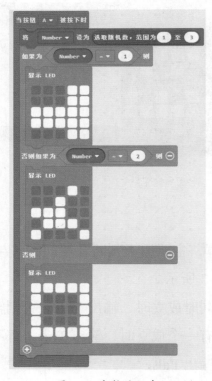

图 6-8 完整的程序

案例 2

1. 任务

先将字母 A、B 分别设定为两个数字。游戏开始后，通过按钮 A、B 输入这两个数字，如果输入的数字等于 A、B 对应的数字则赢得比赛，否则为输。

2. 算法分析

（1）本案例需要预设两个变量的值、输入两个变量的值、比较两个输入的数值与预设的数值是否同时相等三个环节。

（2）预设两个变量 A、B 的初始值，如图 6-9 所示。

图 6-9　变量初始值

（3）通过按钮 A、B 分别输入变量 a1、b1 的数值，如图 6-10 所示。

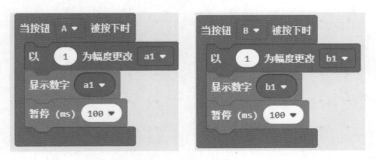

图 6-10　输入变量

（4）两个输入的数值 a1、b1 与预设变量 A、B 对应的数值同时相等是逻辑"与"的关系，如图 6-11 所示。

图 6-11　逻辑"与"指令

3. 参考程序

循环部分的程序如图 6-12 所示。

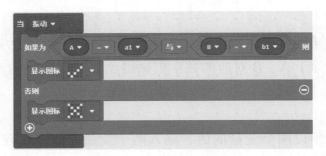

图 6-12　参考程序

四、拓展与提高

同学们思考一下，在案例 2 中，变量 A、B 是预先设置的，如果要在游戏开始时进行输入，程序应该如何编写。

第七课 制作游戏

使用编程制作游戏是一个很有趣的事情。通过这种方式不仅可以让学生了解游戏的制作过程，将所学知识应用于实践，还可以在制作过程中通过严谨的推理使学生的运算思维得到锻炼。

一、游戏精灵

游戏精灵是游戏编程中一个常用的概念，精灵代表某个角色，在 micro:bit 开发的游戏里它是一个光点，我们可以通过控制它的移动进行游戏，也可以检测它是否与其他精灵或者屏幕边缘碰撞，还可以设置当前的位置、方向等各种命令。我们可以在指令区的游戏模块中找到这些指令，如图 7-1 所示。

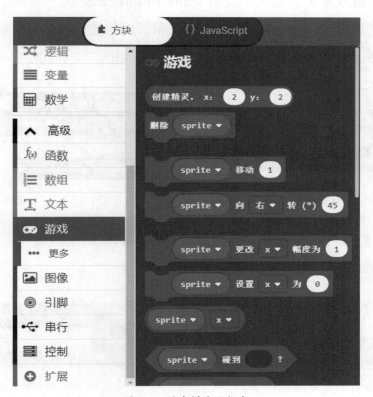

图 7-1　游戏模块及指令

对于编写游戏而言，游戏精灵并不是一个必须的选项，但是使用游戏精灵模块可以很方便地设置分数、倒计时等指令，而这对于开发者而言是一个非常方便的选择。

 **案例 1**

1. 任务

预测某一光点在屏幕中随机出现的位置，并通过 A、B 按钮控制另一光点躲避该光点。在躲避过程中，如果完成一次上下移动，则加 1 分；如果两光点接触，则游戏结束。

2. 算法分析

（1）MakeCode 提供了游戏模块，这可以让我们很方便地编写游戏程序。在这些指令中有一个就是创建精灵指令，即通过一组坐标来控制光点所在的位置。它与单纯的光点不同，精灵可以检测并反馈是否与边缘以及和其他精灵相接触，因此，这也是游戏制作中常用的一种方法。当使用这一指令时，变量模块中会自动出现变量 sprite，因此可以通过这一变量控制游戏精灵所在的位置。

（2）建立两个游戏精灵，分别用变量 sprite 和 sprite2 表示。

（3）建立两个变量 x、y，用于控制 sprite2 精灵的位置。

（4）设置程序运行时 sprite 和变量的初始位置，如图 7-2 和图 7-3 所示。

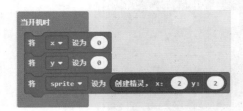

图 7-2　初始状态

图 7-3　sprite 的运动轨迹

（5）通过 x、y 控制精灵 sprite2 的位置，如图 7-4 所示。

（6）游戏结束的条件设置，如图 7-5 所示。

图 7-4　精灵 sprite2 的位置

图 7-5　游戏结束的条件

（7）通过按钮 A 控制 sprite2 沿 y 轴运动，当完成一次上下运动时（当 y=4 时），加 1 分，如图 7-6 所示。

（8）同样，通过按钮 B 控制 sprite2 沿 x 轴运动，如图 7-7 所示。

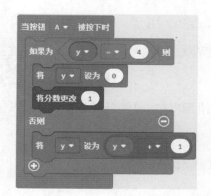

图 7-6　按钮 A 控制 sprite2 运动和加分

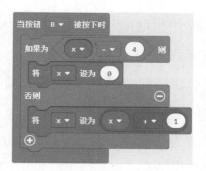

图 7-7　按钮 B 控制 sprite2 运动

3. 参考程序

循环模块的参考程序如图 7-8 所示。

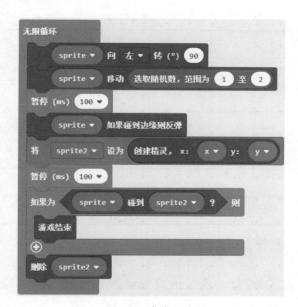

图 7-8　参考程序

案例 2

1. 任务

制作一个锤子、剪刀、布的游戏，可以通过输入数值 1、2、3 分别用于表示锤子、剪刀、布，然后和计算机输出的结果相比较，如果胜则显示笑脸，否则显示哭脸。

2. 算法分析

（1）建立两个变量 Number 和 m，其中，变量 Number 用于存储程序产生的随机数 1、2、3；变量 m 用于存储游戏者输入的数值 1、2、3。

（2）将按钮 B 作为游戏输入的方式，当按下按钮 B 时，变量 m 加 1。

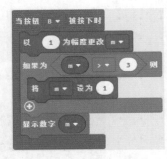

图 7-9　m 的数值保持在 [1，3] 内

（3）当变量 m 大于 3 时，将 m 设为 1，这样可以保证 m 的数值始终保持在 [1，3] 内，如图 7-9 所示。

（4）当开机时，将变量 m 和 Number 的初始值设置为 0。

（5）按下按钮 A 后可通过随机数产生机器人选项，如第 6 课图 6-8 所示。

（6）游戏规则如表 7-1 所示。

表 7-1　游戏规则

游戏者的选择	计算机的选择	游戏者的胜负
1	2	胜
2	3	胜
3	1	胜
2	1	负
3	2	负
1	3	负

注：数字与选项对应关系：1= 锤子；2= 剪刀；3= 布。

　　将表 7-1 归纳成逻辑关系为：若（m=1 and Number=2）or（m=2 and Number=3）or（m=3 and Number=1），则游戏者胜；若（m=2 and Number=1）or（m=3 and Number=2）or（m=1 and Number=3），则游戏者负；其他情况为平局。

3. 参考程序

其他程序模块如图 7-10 和图 7-11 所示。

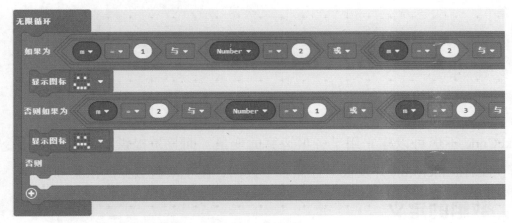

图 7-10 参考程序（1）

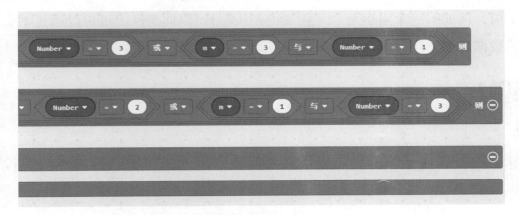

图 7-11 参考程序（2）

二、拓展与提高

制作一个掷骰子游戏，让 micro:bit 开发板自动产生一个 1~6 的随机数字，然后按下按钮 A 产生另一个随机数字，比较两个数的大小并判断胜负。

第八课　数　　组

MakeCode 不但可以建立用于各项运算的变量，而且也提供了数组模块指令，通过数组我们可以在 micro:bit 开发板上存储多个数据，用于实验数据的采集和读取。

一、数组的定义

数组是用于存储多个相同类型数据的集合。数组中的每个元素都对应一个位置的数字，即索引，例如第一个索引是 0，第二个索引是 1，以此类推；也可以通过索引来访问数组中的数据。

 案例 1

1. 任务

建立数组并存储一组数据，通过按下按钮 A 输入索引值，然后逐一读取数组中的数值。

2. 算法分析

（1）每一个数组都对应一个索引值，可以通过输入索引值的方式，获得数组的对应数据。

（2）可以通过按下按钮 A 输入索引值。

3. 参考程序

（1）建立变量 a，将变量 a 的初始值设置为 −1。

（2）建立列表并存储数据。

（3）当按钮 A 被按下时，变量 a 增加 1，同时显示列表中索引为 a 的数值，参考程序如图 8-1 所示。

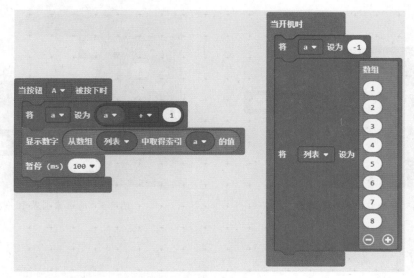

图 8-1　参考程序（1）

案例 2

1. 任务

建立一个数组，实现按下按钮 A，存储一组数据；按下按钮 B，逐一将这一组数据显示出来。

2. 算法分析

（1）建立一个空数组，用来存储数据，如图 8-2 所示。

（2）由于没有预先设置好数组中的数据，所以在程序运行过程中，就要用到"将数值添加到数组"的模块指令，如图 8-3 所示。

图 8-2　建立空数组

图 8-3　将数值添加到数组

（3）为了简单，我们选择输入 8 个随机数。

（4）当按钮 A 被按下时，将随机数添加到数组（列表）中，如图 8-4 所示。

（5）当按钮 B 被按下时，依次将数组（列表）中的数据通过索引获取并显示出来，如图 8-5 所示。

图 8-4　将随机数添加到数组

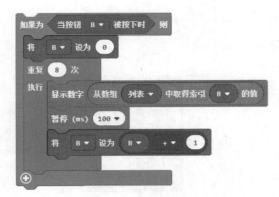

图 8-5　通过索引获取并显示

3. 参考程序

数组写入与读取的完整程序如图 8-6 所示。

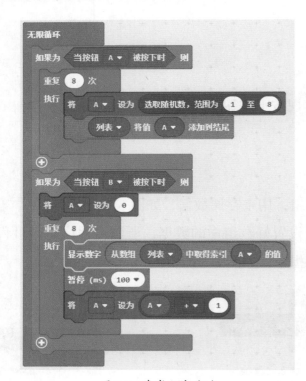

图 8-6　参考程序（2）

📖 **案例 3**

1. 任务

存储一组数据，并逐一反向读出所存数据。

2.算法分析

（1）建立一个用于存储数据的空数组。

（2）通过按钮将数字数据存入数组并显示数据。

（3）通过测量数组长度获得最大索引值。

（4）通过索引读取数据。

3.参考程序

（1）建立空数组，如图 8-2 所示。

（2）数据存入数组（在实验中可以是数据的采集过程），显示数据并获得最大索引值，如图 8-7 所示。

（3）反向读出所存储的数据，可以在每一个数据出现前显示图案以避免出现重复数据，如图 8-8 所示。

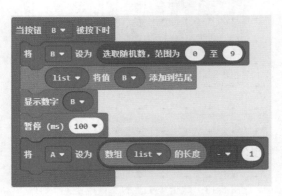

图 8-7　数据存入数组并获得最大索引值

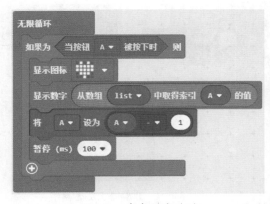

图 8-8　参考程序（3）

案例 4

1.任务

制作一个可以互相发送和接收字符的无线通信装置。

2.算法分析

（1）无线通信过程中可以发送和接收字符，但需要预先设置发送内容，由于 micro:bit 开发板在输入内容上的局限性，因此，要采用输入数字的方式确定字符的内容。

（2）建立一个数组，将每一个元素作为一个字符，通过输入列表索引值的方式确定接收方显示的信息。

3. 参考程序

（1）设置无线组别。

（2）建立一个数组，并存入字符，如图 8-9 所示。

（3）建立变量 N，当按钮 A 被按下时，变量增加 1；当按
钮 B 被按下时，变量减少 1，如图 8-10 所示。

（4）在屏幕上显示索引值对应的字符，如图 8-11 所示。

（5）同时按下按钮 A 和按钮 B 并发送数字，如图 8-12 所示。

（6）将接收到的数值赋值给变量 N，如图 8-13 所示。

（7）将以上程序下载到发送方和接收方上，就可以进行相
互通信了。

图 8-9　设置无线组别，并
建立一个数组

图 8-10　改变变量

图 8-11　屏幕上显示索引值对应的字符

图 8-12　发送数字

图 8-13　赋值给变量 N

二、拓展与提高

同学们思考，如何与多个 micro:bit 开发板进行通信不仅可以实现保密的效果（一对
一联系），还不相互影响。

第九课　信号输入与显示

从本节课开始我们要用到柴火创客的 BitStarter Kit 产品，借助这些产品我们将会制作出很多有创意的作品，同学们也可以将自己的创意变为现实。

一、模拟信号与数字信号

模拟信号（Analog Signal）是指在时域上数学形式为连续函数的信号。例如，随着电池的使用，电池的电压会越来越低，这就是典型的模拟值，如图 9-1 所示。

图 9-1　模拟值

与模拟信号对应的是数字信号（Digital Signal）。数字信号采取的是分立的逻辑值，例如，单片机的 I/O 口输出的要么是高电平，要么是低电平，这就是典型的数字信号；而模拟信号可以取得连续值，如图 9-2 所示。

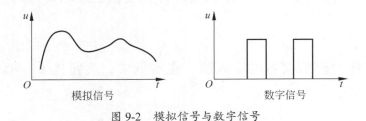

图 9-2　模拟信号与数字信号

二、引脚

在模块高级指令中有引脚模块，它是针对 micro:bit 开发板的引脚而设置的，有数字（模拟）读取引脚、向引脚中写入数字（模拟）数值以及映射等指令，如图 9-3 所示。

其中，映射指令是指将一个取值范围换算成另一个取值范围。例如，将 P0 端口的模拟数值［0，1023］换算为［0，100］，如图 9-4 所示。

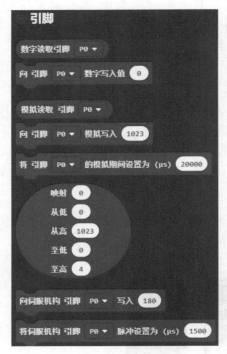

图 9-3　引脚模块指令

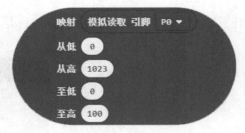

图 9-4　映射指令

 案例

1. 任务

使用旋钮作为模拟信号的输入，在 micro:bit 开发板上显示输入的数值和条形图。

2. 算法分析

（1）旋钮可以作为模拟信号的输入源。在本例中，旋钮接 P1 端口可以产生的数值区间为 [0，1023]。

（2）由于数值是在 micro:bit 开发板屏幕上显示，如果数值大于等于 10，显示数值时就会有延迟，所以需要将数值区间 [0，1023] 映射为 [0，9]。

（3）将按钮 A 作为选择结构的条件，选择显示条形图还是数值。

3. 参考程序

（1）P1 端口输入的数据映射为 [0，9]，如图 9-5 所示。

（2）使用按钮 A 分别显示数值和条形图，其中，floor 指令用于保证显示为整数且区间为 [0，9]，如图 9-6 所示。

图 9-5　P1 端口输入的数据映射为 [0，9]

图 9-6　显示数值和条形图以及 floor 指令

（3）完整的程序如图 9-7 所示。

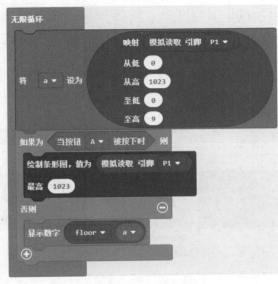

图 9-7　参考程序

三、拓展与提高

制作一个声音强度检测仪，通过声音传感器检测声音强度，并使用条形图和数值显示出来。

第十课　数字信号的输出

本节课我们要用到 BitStarter Kit 器材中的电动机和传感器。由于这些控制指令通常并不在 MakeCode 在线编程中，所以在使用 BitStarter Kit 配件之前，需要在软件上做一些准备工作。

一、准备

打开浏览器，进入 micro:bit 编程网页，单击模块指令区的 ⊕ 扩展按钮，如图 10-1 所示。

在"搜索或输入项目网址"处输入 github.com/TinkerGen/pxt-Bit-GadgetKit，如图 10-2 和图 10-3 所示。

图 10-1　"扩展"按钮

图 10-2　输入 Bit Gadget Kit 扩展包网址

图 10-3　添加扩展包

单击 "bit-gadgetkit" 进入编辑界面，在模块指令区将会出现三组新的模块指令，如图 10-4 所示。

图 10-4 新的模块指令

到此就完成了软件的准备工作。下面让我们开始创作之旅吧。

二、制作智能风扇

 案例

1. 任务

制作一个智能风扇，实现当有人靠近时风扇启动，当无人时风扇自动关闭的功能。

2. 算法分析

（1）使用超声波传感器检测是否有人靠近风扇。

（2）将超声波传感器检测作为选择的条件，如果检测到周围有人（周围有障碍物），则启动风扇；否则关闭。

（3）通过向端口输入高、低电压控制电动机的启动和关闭。

3. 器材连接

BitStarter Kit 器材与 micro:bit 扩展板的端口连接如表 10-1 所示。

表 10-1 器材连接

BitStarter Kit器材名称	micro:bit扩展板端口
电动机驱动板	P0
超声波传感器	P8

4. 参考程序

（1）模块指令区 BitMaker 提供了模拟、数字和 I²C（Inter-Integrated Circuit）的指令。模拟指令包括读取端口模拟值、映射、输出模拟量和脉宽调制指令，如图 10-5 所示。

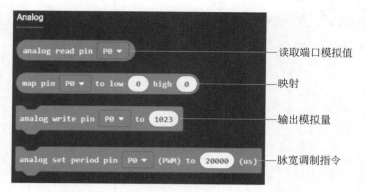

读取端口模拟值

映射

输出模拟量

脉宽调制指令

图 10-5　模拟指令

（2）数字指令包括读取端口数字信号、是否输出高电压、输出高（低）电压，如图 10-6 所示。

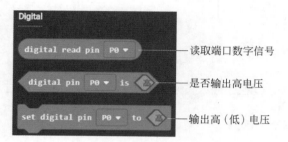

读取端口数字信号

是否输出高电压

输出高（低）电压

图 10-6　数字指令

（3）I^2C 指令如图 10-7 所示。

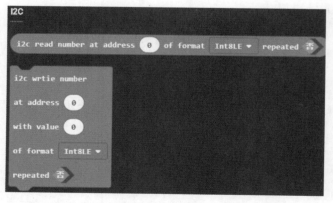

图 10-7　I^2C 指令

（4）根据任务的要求，以是否发现周围有障碍物为选择条件，如果发现周围有障碍物则向端口 8（P8）输出一个数字高电压，即启动电动机；否则，向端口 8（P8）输出一个数字低电压，即关闭电动机，参考程序如图 10-8 所示。

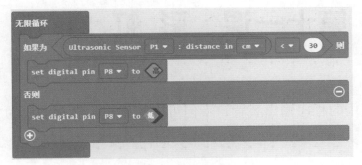

图 10-8　参考程序

三、拓展与提高

制作一个通过检测光线的强弱控制声音的装置，当播放音乐时可以用光线的强弱控制播放的声音强度。

小贴士：

1. 数字信号

数字信号是指幅度的取值是离散的，幅值表示被限制在有限个数值之内。例如，二进制码就是一种数字信号。

2. 模拟信号

模拟信号是指信息参数在给定范围内表现为连续的信号或在一段连续的时间间隔内，其代表信息的特征量可以在任意瞬间呈现为任意数值的信号。

3. I^2C 总线

I^2C 总线是由 PHILIPS 公司开发的两线式串行总线，用于连接微控制器及其外围设备。I^2C 总线是微电子通信控制领域广泛采用的一种总线标准，是同步通信的一种特殊形式，具有接口线少、控制方式简单、器件封装形式小、通信速率高等优点。它通过串行数据（SDA）线和串行时钟（SCL）线在连接到总线的器件间传递信息。每个器件都有一个唯一的地址识别（包括微控制器、LCD 驱动器、存储器或键盘的接口），而且都可以作为发送器或接收器。

第十一课　彩虹灯带

灯带是一个常用的程序输出装置，不但可以用于检验学生编程的成果，而且在学生作品中被广泛应用。一个具有吸引力的灯带，同样需要通过编程来实现。

一、灯带的指令

要使用灯带，同样要引入 BitGadget Kit 扩展包，引入方法如第十课所述，引入后就会出现 Neopixel 模块，其中的指令如表 11-1 所示。

表 11-1　灯带的指令

灯带的效果	灯带的指令
灯带的序号从0开始，并设置灯光的颜色	strip ▼ set pixel color at 1 to orange ▼
点亮光带	strip ▼ show
设置端口、长度和发光模式	将 strip ▼ 设为 NeoPixel at pin P0 ▼ with 30 leds as RGB (GRB format) ▼
灯光快速移动	strip ▼ shift pixels by 3
灯光轮换	strip ▼ rotate pixels by 5
点亮和熄灭	strip ▼ show　strip ▼ clear
绘制条形图	strip ▼ show bar graph of 8 up to 20
显示彩虹	strip ▼ show rainbow from 1 to 360
点亮灯带的范围	strip ▼ range from 0 with 4 leds

案例

1. 任务

让 LED 灯从灯带的一端依次点亮，稍后再熄灭，如同让灯光从一端跑向另一端。

2. 算法分析

（1）灯带中的 LED 灯都有编号，例如一条灯带上有 30 颗 LED 灯，则其 LED 灯的编号就是从 0~29。我们可以根据 LED 灯的编号点亮或熄灭指定的 LED 灯。设置 LED 灯的编号和颜色如图 11-1 所示。其中，LED 灯的位置可以用 0~29 的数字表示。

图 11-1　设置 LED 灯的编号和颜色

（2）建立变量 A，通过让每一个循环中的变量 A 增加 1 的方式达到依次移动的效果。

（3）通过点亮和熄灭指令控制开关，如图 11-2 和图 11-3 所示。

图 11-2　点亮灯带　　　　　　图 11-3　熄灭灯带

3. 器材连接

BitStarter Kit 器材与 micro:bit 扩展板的端口连接如表 11-2 所示。

表 11-2　器材连接

BitStarter Kit器材名称	micro:bit扩展板端口
灯带	P0

4. 参考程序

（1）为灯带设置接入端口、长度和发光模式，如图 11-4 所示。

图 11-4　初始设置

（2）建立变量 A。

（3）设置变量 A 的初始值为 –1。

（4）建立一个有限循环，每循环一次，LED 灯依次点亮或熄灭一次，形成从 0~29 的移动效果，如图 11-5 所示。

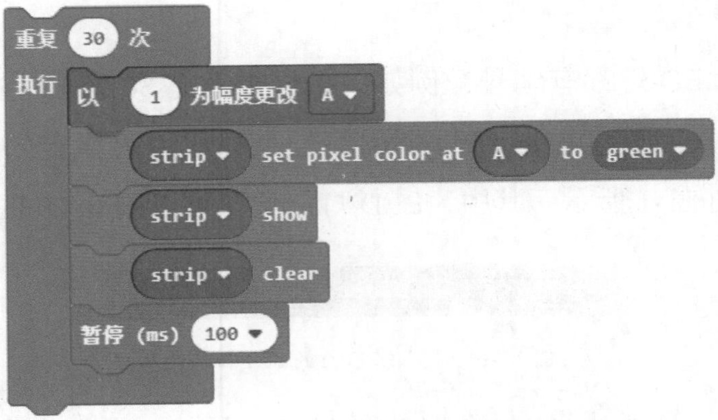

图 11-5　设置有限循环并让灯光依次点亮或熄灭

（5）完整的程序如图 11-6 所示。

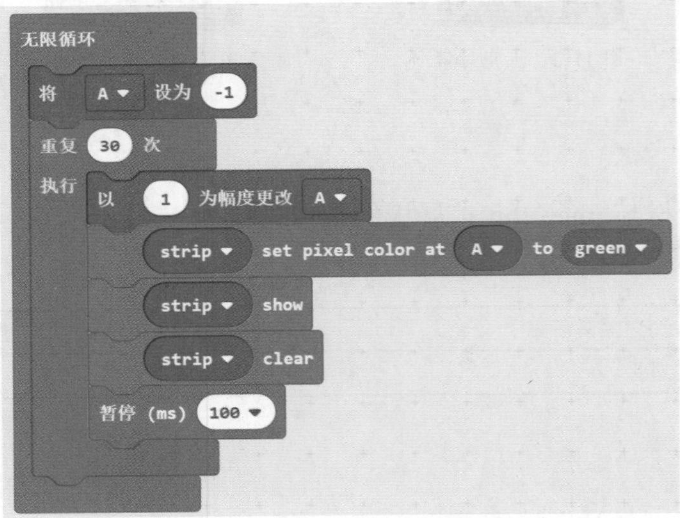

图 11-6　参考程序

二、拓展与提高

灯带不但可以让作品显示出丰富多彩的效果，而且在编程学习中也提供了多种项目的训练，如图 11-7~ 图 11-9 所示的程序分别具有不同的效果。请同学们试着说出它们的运行效果。

程序 1 如图 11-7 所示。

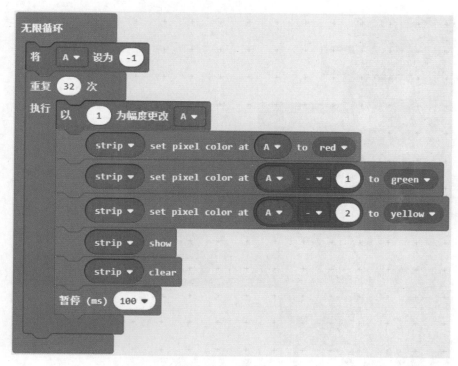

图 11-7　程序 1

程序 2 如图 11-8 所示。

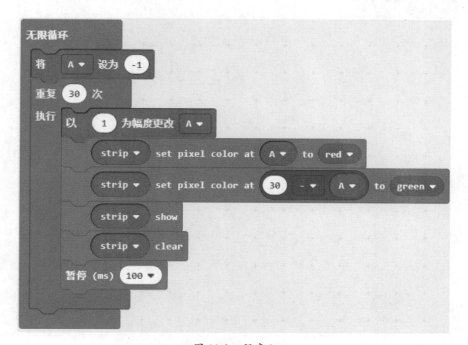

图 11-8　程序 2

程序 3 如图 11-9 所示。

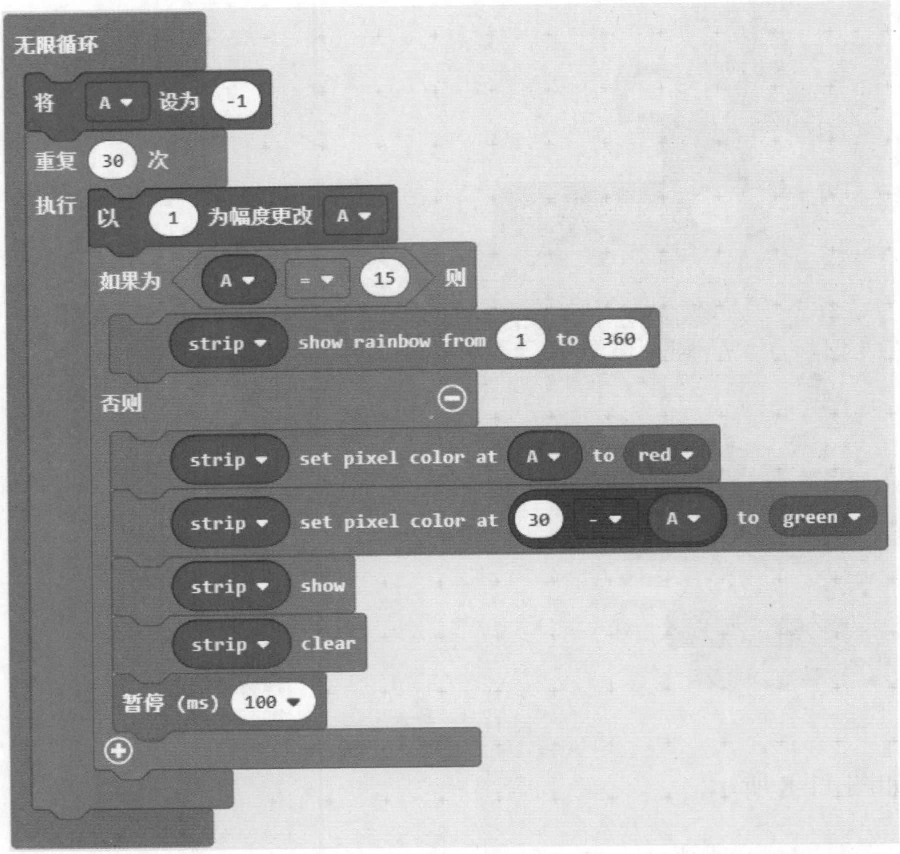

```
无限循环
  将  A ▼  设为  -1
  重复  30  次
  执行  以  1  为幅度更改  A ▼
        如果为   A ▼   = ▼   15   则
              strip ▼  show rainbow from  1  to  360
        否则                               ⊖
              strip ▼  set pixel color at  A ▼  to  red ▼
              strip ▼  set pixel color at  30  - ▼  A ▼  to  green ▼
              strip ▼  show
              strip ▼  clear
        暂停 (ms)  100 ▼
  ⊕
```

图 11-9　程序 3

第十二课　声控音乐

MakeCode 在线编程并没有提供具体的传感器检测指令，但这一编程方式在引脚模块中提供了数字读取、写入、模拟读取、写入以及 I²C 的指令，这就为我们使用多种传感器提供了可能。因此，我们不仅可以使用 BitStarter Kit 器材中的各种传感器，还可以使用很多第三方传感器，这为研究性学习以及创新活动提供了广阔的空间。

一、声音传感器

BitStarter Kit 器材中提供了声音传感器，声音传感器检测的是一个可以连续变化的声音信号强度，声音传感器需要检测的是模拟数据。在引脚模块中提供了读取模拟引脚的指令，如图 12-1 所示。

模拟读取 引脚 P0 ▼

图 12-1　模拟读取引脚指令

声音传感器不仅可以用于检测声音信号的强度，也可以是某种程序触发的条件，如在机器人比赛中，听到声音就开始比赛，就是将声音作为比赛触发的指令。

二、播放音乐

音乐模块中有各种与音乐相关的指令，如图 12-2 所示，可以编写有关音乐指令，并借助 BitStarter Kit 扩展板中的音响播放音乐。

图 12-2　音乐模块指令

案例

1. 任务

制作一个可以检测声音大小的装置，当检测到声音的数值大于预设的数值时，就开始播放音乐。

2. 算法分析

（1）在这里，音量是一个触发播放音乐的条件，即如果声音低于某一数值时，程序则处于等待状态，因此我们应使用选择结构实现这一效果。

（2）使用不同的图标指示程序所处的状态。

（3）使用音调指令设置音乐，如图 12-3 所示。

图 12-3　音调播放指令

3. 器材连接

BitStarter Kit 器材与 micro:bit 扩展板的端口连接如表 12-1 所示。

表 12-1　器材连接

BitStarter Kit器材名称	micro:bit扩展板端口
声音传感器	P0

4. 参考程序

声控音乐的完整程序如图 12-4 所示。

三、拓展与提高

楼道的灯光在白天的时候是熄灭的，夜晚的时候如果有声音，灯光会自动打开，同学们想一想，这是如何实现的？这一功能在生活中还有哪些应用？我们还可以做点什么？

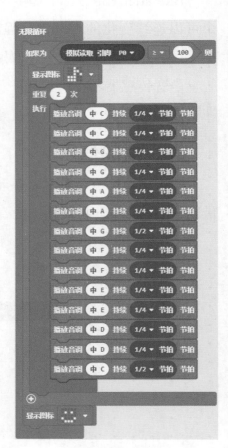

图 12-4　参考程序

第十三课　调　音　台

在生活中，我们可以通过调节不同的广播电台，欣赏我们喜欢的节目。这节课我们将制作一个数字的广播电台，通过设计一个程序，使用旋钮调换频道并播放音乐（多条件的选择结构）。

一、创建函数

如果在一个程序中，要重复使用其中一部分指令，通常会将这一部分指令作为一个子程序来处理，这个子程序又称为函数。使用函数可以使程序的功能清晰、结构简洁，易于编写和阅读，如在第十二课声控音乐程序中就使用了函数，如图 13-1 所示。

但是，每次播放此音乐时，都要重新输入，因此，如果将该音乐程序设置为子程序，也就是建立一个函数，就可以很方便地在编程中重复调用。

在指令区单击"高级"按钮，找到 函数 并单击，选择"创建一个函数"，如图 13-2 所示。

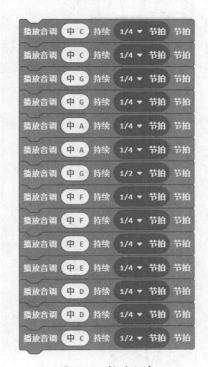

图 13-1　播放程序

图 13-2　创建函数

单击"创建一个函数"按钮后，出现新创建函数的"编辑函数"窗口，如图 13-3 所示。

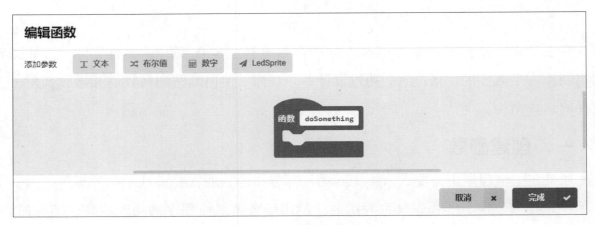

图 13-3 "编辑函数"窗口

根据要建立的新函数的要求，设置相关属性，然后单击 完成 ✔ 按钮。本案例中需要建立两个新函数，并分别命名为 music1 和 music2，如图 13-4 所示。

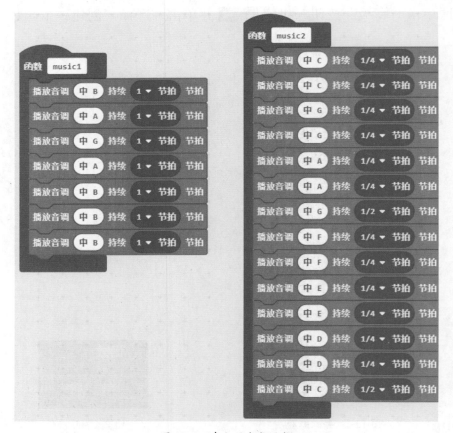

图 13-4 建立两个新函数

建立新函数后，函数模块中会出现两个新的模块指令，如图 13-5 所示。

图 13-5　新的模块指令

在编写程序的过程中可以随时调用这两个函数（子程序），就能够实现音乐的调用和播放。

二、旋钮

BitStarter Kit 提供了旋钮功能，可以通过旋钮提供0~1023的模拟输入。为了减小误差，可以使用映射方法将［0，1023］转换为［0，10］，这样即使旋钮在输入时有很大的波动范围，仍能够对应确定的数值，如图 13-6 所示。

图 13-6　映射模块指令

 案例

1.任务

通过旋钮选择不同的音乐进行播放。

2.算法分析

（1）通过建立函数方法，设置两个音乐的函数（子程序），可以在编写程序中进行调用。

（2）为了方便选择，使用映射模块将旋钮提供的模拟输入［0，1023］转换为［0，10］。

（3）使用选择结构，实现根据不同的数值播放不同内容的功能。

3. 器材连接

BitStarter Kit 器材与 micro:bit 扩展板的端口连接如表 13-1 所示。

表 13-1　器材连接

BitStarter Kit器材名称	micro:bit扩展板端口
旋钮	P0

4. 参考程序

（1）建立变量 N 用于存储模拟输入映射后的数值。

（2）根据变量 N 选择执行的指令。如果 N ≥ 7，显示音乐图标并播放 music1；如果 3 ≤ N<7，显示音乐图标并播放 music2；其他情况显示笑脸图标。

完整的主程序如图 13-7 所示。

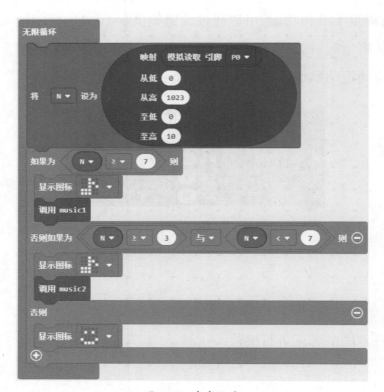

图 13-7　参考程序

三、拓展与提高

在第十一课中使用过灯带，可以通过不同的程序，使灯带呈现不同的效果，那么是否可以通过旋钮，产生不同的灯带效果呢?

第十四课 检测磁场

micro:bit 开发板提供了磁场检测功能，通过这一功能我们可以检测周围磁场的强度。考虑到磁场会受到周围存在的金属的影响，所以如果周围有金属，磁场会出现异常的变化。因此，我们也可以用它检测周围是否有金属的存在，我们可以开发出很多有趣的新作品。

一、磁场检测

在输入模块中，单击"输入"→"更多"按钮即可选择并使用磁力指令，如图 14-1 所示。

检测到的磁场，既可以是沿 x、y、z 轴的分量，也可以是磁场的总强度，这需要根据具体的检测要求进行设置，如图 14-2 所示。

图 14-1 选择并使用磁力指令   图 14-2 检测设置

如果在程序中使用了磁场检测指令，当运行程序时，首先需要校正，即通过调整 micro:bit 开发板的角度，将 LED 灯的光点布满整个屏幕，只有通过校正后，检测时才可以获得正确的数据。

 案例

1. 任务

磁铁周围会形成一个磁场，通过检测获得距离与磁场强度的关系。

2. 算法分析

（1）通过定点检测的方式，在与磁铁的同一水平面上设置等距离检测点进行检测，如图 14-3 所示。

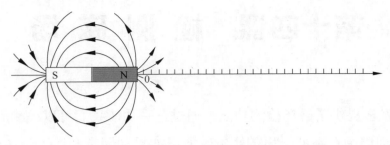

图 14-3　定点检测

（2）比较与地磁场的数量级，如果地磁场远远小于磁铁引起的磁场强度，那么可以忽略地磁场的影响。

3. 参考程序

（1）建立一个函数用于检测和显示磁场强度。因为条形图可以更直观地显示强度的变化，我们在观测磁场强度变化时可以选择条形图的方式，而读取数据则会用到数值显示，如图 14-4 所示。

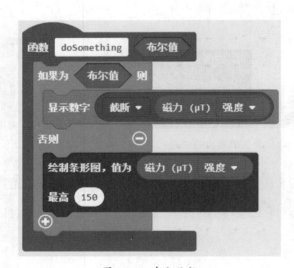

图 14-4　建立函数

（2）主程序如图 14-5 所示，通过是否按下按钮 A 分别显示条形图和数值。

图 14-5　主程序

在每次检测完毕后，将实验数据填入表 14-1。

表 14-1　实验数据

距离/cm	强度/T	距离/cm	强度/T
100		45	
95		40	
80		35	
75		30	
70		25	
65		20	
60		15	
55		10	
50		5	

二、拓展与提高

　　磁感应强度传感器不仅可以检测磁场的强度，还可以检测磁场在 x、y、z 三个坐标方向上的强度值。因此，在一个稳定的磁场环境下，如果 micro:bit 开发板的角度发生改变也可以通过磁场分量在 x、y、z 三个坐标轴的变化进行检测。根据这一原理，设计一个运动传感器，用于检测人体的运动量。

第十五课　双控电路

本节课中所谓的双控电路是指两个按钮可以作为开关分别独立控制电路的闭合和断开。例如，我们可以在卧室门口设置一个开关，用于进入卧室时开灯，同时在床头设置另一个开关，当我们休息时又可以随手熄灯。

一、变量属性

在前面的课中，我们已经多次使用变量，对于变量的建立、调用以及运算都已经有所了解，与其他的一些编程软件相比，micro:bit 编程环境并没有强调对属性的设置，如建立一个变量后，变量的设置可如图 15-1 所示。

图 15-1　设置变量

我们可以将所建立的变量当成数值型或逻辑型变量，但是这一变量不能同时兼有数值型和逻辑型的双重属性。

 案例

1. 任务

用两个按钮设计双控电路。

2. 算法分析

（1）本案例中使用的两个按钮：一个为 micro:bit 开发板上的按钮 A；另一个为外接按钮 C。我们可以通过连接线将两个按钮分开足够的距离，以达到实用的效果。

（2）任意一个按钮都可以通过触发获得交替出现的"是"和"否"。

（3）以变量 A 和变量 C 分别表示按钮 A 与按钮 C 的状态。

（4）灯的开关与两个按钮之间的逻辑关系如表 15-1 所示。

表 15-1　逻辑关系

按钮A	按钮C	灯的状态
是	是	关
否	否	关
是	否	开
否	是	开

3. 器材连接

BitStarter Kit 器材与 micro:bit 扩展板的端口连接如表 15-2 所示。

表 15-2　器材连接

BitStarter Kit器材名称	micro:bit扩展板端口
按钮	P0
自制外接灯光（接直流电动机驱动板）	P1

4. 参考程序

（1）建立变量 A、C、M、N。

（2）将变量 M 和变量 N 的初始值都设置为 0，如图 15-2 所示。

（3）当 micro:bit 开发板中的按钮 A 被按下时，变量 N 加 1，由于变量依次在奇数和偶数间变动，因而当变量 N 为奇数时，将变量 A 设为"真"；当变量 N 为偶数时，将变量 A 设为"假"。通过判断变量 N 除以 2 的余数是否为 0 可以判断变量 N 是奇数还是偶数，如图 15-3 所示。

图 15-2　设置初始值

（4）同样，使用外接按钮 C，通过控制变量 M，进而获得依次出现的逻辑变量 C。由于外接按钮输入只有高电平或低电平两种状态，所以我们选用数字读取数值，如图 15-4 所示。

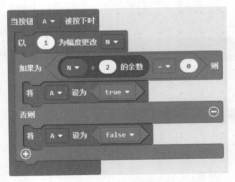

图 15-3　按钮 A 将变量 A 依次设置为"真"和"假"

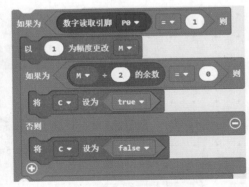

图 15-4　外接按钮 C 将变量 C 依次设置为"真"和"假"

（5）根据灯的开关与两个按钮之间的逻辑关系，完整的程序如图 15-5 和图 15-6 所示。

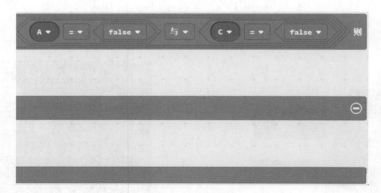

图 15-5　参考程序（1）

图 15-6　参考程序（2）

二、拓展与提高

　　有同学提出想制作一个智能垃圾桶，通过超声波传感器检测是否有物体靠近，当有物体靠近时，垃圾桶盖会自动开启；当物体离开时，垃圾桶盖又会自动关闭。请思考如何实现以上功能。

第十六课 平 衡 仪

自动平衡功能已经得到了广泛的应用，如平衡车就是这样一款产品，如图 16-1 所示。

图 16-1 平衡车

运动中，小车总能保持水平，这就是对平衡仪原理的一个应用，那么下面就一起来学习如何使用 micro:bit 开发板制作平衡仪。

一、重力检测

在 micro:bit 输入模块中提供了加速度检测指令，如图 16-2 所示。

加速度检测指令可以反馈沿 x、y、z 三个方向的加速度分量，也可以测量加速度的大小。x、y、z 三个方向的加速度分量反馈值的范围为 [−1023，1023]。micro:bit 开发板的方向规定如图 16-3 所示，z 轴正方向为垂直于 micro:bit 开发板方向。

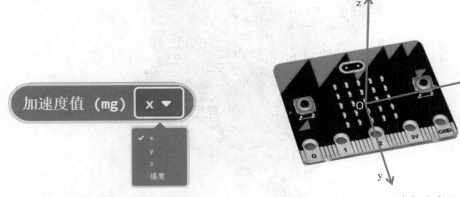

图 16-2 加速度检测指令　　　　　　　图 16-3 micro:bit 开发板方向规定

案例

1. 任务

通过检测重力加速度制作一个平衡仪。

2. 算法分析

（1）平衡仪需要使用伺服电动机进行结构设计，通过编写程序使伺服电动机无论如何放置，指针永远水平，从而实现平衡的效果。

（2）通过对加速度值在某一坐标的分量的检测，可以获得结构所处的方位角度，进而调整伺服电动机的角度，从而保持指针方向不变。

3. 器材连接

BitStarter Kit 器材与 micro:bit 扩展板的端口连接如表 16-1 所示。

表 16-1　器材连接

BitStarter Kit器材名称	micro:bit扩展板端口
伺服电动机	P0

将伺服电动机与 micro:bit 扩展板固定在一起。连接伺服电动机时，需要将 BitStarter Kit 扩展板直接连接电源，并将开关打开，如图 16-4 所示。

图 16-4　将 BitStarter Kit 扩展板直接连接电源

4.参考程序

我们需要用到"映射指令",将加速度 y 轴的值［-1023，1023］映射到伺服电动机的转动角度 0°~180°,对应关系如表 16-2 所示。

表 16-2　对应关系

伺服电动机的角度	0°	90°	180°
micro:bit开发板检测的加速度	-1023	0	1023

参考程序如图 16-5 所示。

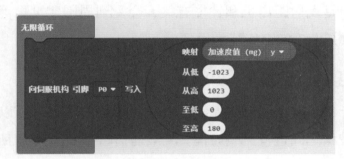

图 16-5　参考程序

二、拓展与提高

许多小区停车场出入口都设有栏杆,如果是小区里的车辆,栏杆会自动抬起。这是由于预先在程序中存入多个车辆的数据(数组),当输入的数据是数组中的一个时,车辆可以进入。请参照这一功能设计制作一个这样的停车系统。

第十七课 无 线 遥 控

micro:bit 开发板具有无线发射和接收的功能，通过无线的方式发送和接收数字、字符串以及序列等信息，是一种非常方便的通信方式。在进行无线通信时，两个要相互通信的 micro:bit 开发板需要设置成同一组，组别可以是 0~255，也就是一个 micro:bit 开发板可以和 256 个 micro:bit 开发板分别进行通信，并可以调整无线发射的功率，其最大发射距离可达 70m，但是发射距离也和环境有关，会受到周围建筑物等因素的影响。根据这些特点，我们可以开发出很多好玩的作品。

一、无线发射和接收

micro:bit 编程指令区的无线模块提供了发送和接收的指令，可以通过设置组别，在不同的 micro:bit 开发板之间进行无线通信。无线通信指令如图 17-1 所示。

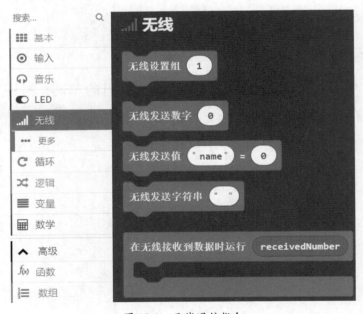

图 17-1 无线通信指令

 案例 1

1. 任务

在两个 micro:bit 开发板之间使用无线电进行通信，可以通过按钮调整输入的数据，并进行发送，如果收到的数据为 1、2、3，则显示这些数据，否则显示一个心形的图案。

2. 算法分析

（1）micro:bit 开发板具有无线通信功能，既可以发送数字也可以发送字符。

（2）通过分组的方式向不同的 micro:bit 开发板发送信息。

（3）发送和接收的指令可以在同一个程序中进行编写，发送方与接收方的程序可以相同也可以不同。

3. 参考程序

（1）开机时将发送信息与接收信息的 micro:bit 开发板设置为同一组，并建立变量 A，设初始值为 0，如图 17-2 所示。

（2）通过按钮 A 和按钮 B 调整要发送的数字，显示数字并发送，如图 17-3 所示。

（3）当接收到数据时，如果数据为 1、2、3，则显示数字；否则显示心形图案，如图 17-4 所示。

图 17-2 设置组别和变量的初始值

图 17-3 显示并发送数字

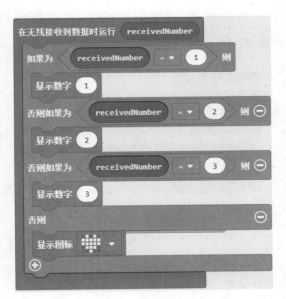

图 17-4 接收数据

📖 **案例 2**

1. 任务

制作一个运动检测器，将一个 micro:bit 开发板戴在运动的人身上，通过无线通信将运动状态发送给另一个 micro:bit 开发板。

2. 算法分析

（1）micro:bit 开发板具有检测方位、加速度等传感器，通过这些传感器可以获得 micro:bit 开发板所处的运动状态，通过无线通信可以将运动状态传递给其他 micro:bit 开发板。

（2）运动状态可以用 micro:bit 开发板的加速度传感器来获得。本案例中，将使用加速度传感器在不同方向的分量进行检测。

（3）考虑到用数字表示状态可能会有延迟，所以会用柱状图表示。

3. 参考程序

（1）设置无线组别，如图 17-5 所示。

（2）发送获得的加速度 y 轴分量，如图 17-6 所示。

（3）如果接收到数据，则显示为条形图，且最高值设置为 1500，如图 17-7 所示。

图 17-5　设置无线组别

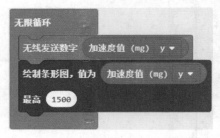

图 17-6　发送获得的加速度 y 轴分量，
并绘制条形图

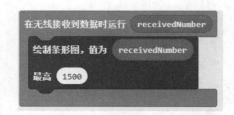

图 17-7　接收数据并绘制条形图

📖 **案例 3**

1. 任务

制作一个遥控门铃，能够实现将门铃安装在可移动的地方，通过无线接收信息，以方便接听。

2. 算法分析

（1）建立变量 A。

（2）通过按钮控制变量 A 的取值，将变量 A 的取值范围设置为 $[0，9]$。

（3）当变量 A 为奇数时，发送数字 2；当变量 A 为偶数时，发送数字 1。

（4）当接收方收到的数字是 2 时，则播放声音，光带为红色；当接收方收到的数字是 1 时，则停止播放声音，光带为绿色。

3. 器材连接

BitStarter Kit 器材与 micro:bit 扩展板的端口连接如表 17-1 所示。

表 17-1　器材连接

BitStarter Kit器材名称	micro:bit扩展板端口
灯带	P8
按钮	P0

4. 参考程序

（1）将发送方和接收方设置为同一无线组。

（2）设置灯带的端口和发光模式，如图 17-8 所示。

图 17-8　设置灯带参数

（3）如果按下按钮，则变量 A 数值加 1，变量数值为 10 时，将 0 赋值给变量 A。

（4）如果变量 A 是奇数，则发送数字 2；如果变量 A 是偶数，则发送数字 1。可以采用变量 A 除以 2 余数是否为 0 的方法，判断变量 A 的值是奇数还是偶数。如果余数为 0，则变量 A 为偶数；否则变量 A 为奇数，如图 17-9 所示。

（5）当接收方收到的数字是 2 时，则播放声音，光带为红色；当接收方收到的数字是 1 时，则停止播放声音，光带为绿色，如图 17-10 所示。

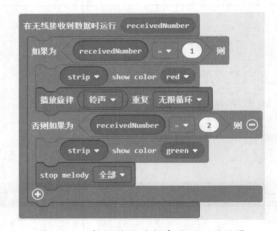

图 17-9　根据变量奇偶性发送不同的数字

图 17-10　根据接收的数字显示不同效果

二、拓展与提高

通过旋钮的方式选择组别可以很方便地改变组别，与其他 micro:bit 开发板进行通信，而且不必预先进行设置。请尝试编写一个可以改变组别的程序，并进行接收与发送信息。

第十八课 物 理 实 验

micro:bit 编程网站为人们提供了大量的参考案例，其中有很多科学实验方面的内容。我们可以借助 micro:bit 开发板设计各种科学实验，让学生们在动手的过程中发现科学规律，这样更能培养学生的观察力和实验兴趣。

一、测量运动的速度

 案例

1.算法分析

（1）搭建一辆小车，前后轮的轴距为 l，如图 18-1 所示。

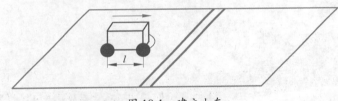

图 18-1　建立小车

（2）在桌面上铺设两张平行的锡纸，当车轮压在两张锡纸上时记录时间，通过前后车轮记录的时间差，计算小车通过的平均速度。

$$\overline{v} = \frac{l}{t_2 - t_1}$$

2.器材准备

（1）使用乐高积木搭建一辆小车，要求小车的摩擦阻力小且运动灵活，如图 18-2 所示。

图 18-2　乐高小车

（2）将轮子用锡纸包裹起来，如图 18-3 所示。

图 18-3　用锡纸包裹轮子

（3）将两张锡纸平行贴在桌面上两张锡纸间有一定间隔，如图 18-4 所示。

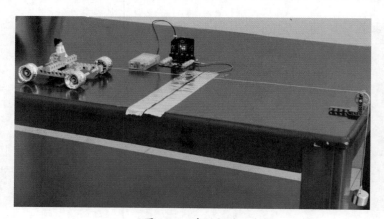

图 18-4　实验场地

micro:bit 扩展板的端口连接如图 18-5 所示，当轮子压在两张锡纸上即等同于引脚 P0 被按下。

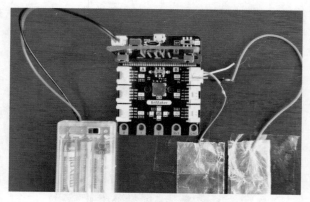

图 18-5　连接端口

注意：本案例中要将 micro:bit 拓展板上的声音开关设置为关闭，否则在使用

当引脚 P0 ▼ 被按下时 指令时会产生相反的结果，如图 18-6 所示。

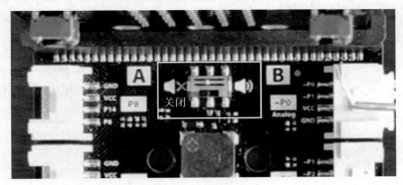

图 18-6 将声音关闭

3. 参考程序

（1）建立一个空数组用于存放时间变量，如图 18-7 所示。

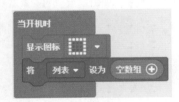

图 18-7 建立空数组

（2）建立变量 time 用于存放前后车轮通过两张锡纸的时间差。

（3）选择控制模块中的 事件时间戳 记录事件发生的时间。

（4）参考程序如图 18-8 和图 18-9 所示。

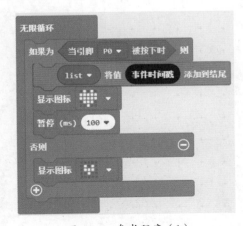

图 18-8 参考程序（1）

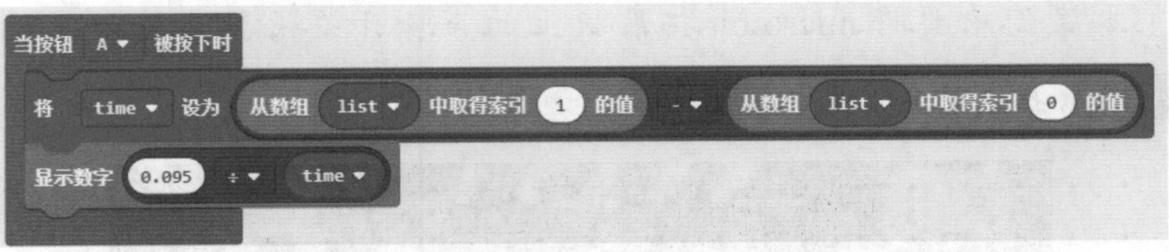

图 18-9　参考程序（2）

注意：本案例中小车前后轮的轴距为 9.5cm，同学们可以根据自己搭建的小车情况自行设置前后车轮的轴距。

二、拓展与提高

本节课我们学习了如何通过记录两个事件的时间完成对平均速度的测量，同学们想一想，是否可以通过改进实验，测量运动物体的加速度。

第十九课　湿度计与自动浇灌

　　柴火创客的 BitGadget Kit 产品提供了直流电动机、舵机以及部分传感器，这对学生们学习和动手实践有很好的支持与帮助作用，但是如果想创作出更多的作品，仅有这些器材是不够的。幸运的是，这款器材可兼容其他大多数传感器，这就可以极大地扩大我们选择的范围。

一、第三方传感器的准备

　　BitGadget Kit 扩展板输入 / 输出端是 4 针端口，可以按顺序连接模拟、数字以及 I^2C 端口，一些第三方传感器提供的是 3 针插头（即使是 4 针插头也要确认一下连线的顺序），所以就需要我们改造一下端口。BitGadget Kit 传感器连接端口如图 19-1 所示。

图 19-1　BitGadget Kit 传感器连接端口

　　其中，GND、V_{CC}、NC、SIG 分别表示接地端、正极、空置、信号。可以通过万用表测量出连接正极和接地的端口，用同样方式找出第三方传感器的正极与接地端口，然后将第三方传感器的三根连线接入 GND、V_{CC}、SIG 端口即可。接线改装如图 19-2 所示。

　　在本案例中将使用抽水电动机。由于抽水电动机电压标准为 12V，所以还需要用到继电器，以控制高电压。这里选择的继电器为 DF HF3FA 型继电器，最高可以接入 250V/10A 的交流设备或 25V/10A 的直流设备，它能够用来控制电灯、电动机等电气设备，如图 19-3 所示。

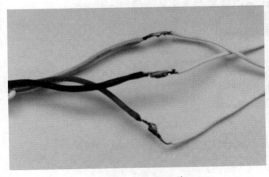

图 19-2　接线改装

图 19-3　继电器

二、器材连接

BitGadget Kit 器材与 micro:bit 扩展板的端口连接如表 19-1。

表 19-1 器材连接

BitGadget Kit器材名称	micro:bit扩展板端口
土壤湿度传感器	P0
继电器	P8

继电器的连接如图 19-4 和图 19-5 所示。

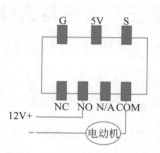

图 19-4 继电器的连接（1）

图 19-5 继电器的连接（2）

三、参考程序

如果 P0 端口检测到土壤湿度传感器反馈值小于 300 时，向连接继电器的 P8 端口写入数字 1，此时表示土壤缺水；如果 P0 端口检测到土壤湿度传感器反馈值大于等于 300 时，向连接继电器的 P8 端口写入数字 0，此时表示土壤不缺水。即可控制继电器的开关，从而控制水泵的工作。参考程序如图 19-6 所示。

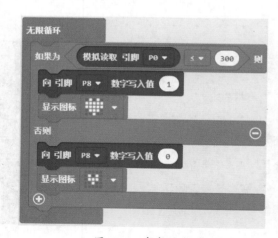

图 19-6 参考程序

实验连接和效果如图 19-7 所示。

图 19-7　连接和效果

第二十课　数据的获取分析与存储

　　传感器是机器人系统的输入设备，它可以完成所需信息的采集和对环境的感知。在前面的课程中，已经学习并使用了多个传感器，例如使用声音传感器检测声音的高低、使用加速度传感器检测偏移角度、使用温湿度传感器检测当前环境的温度和湿度。这些传感器都是基于传感器检测到的实时数据，而实现的特定功能。那么能否实时看到传感器采集数据的变化，并且将这些数据存储起来做进一步的分析呢？答案是肯定的，这节课，我们使用 micro:bit 开发板和光敏传感器并结合一些简单的工具完成对环境光线的数据存储与分析。

一、获取实时数据

　　首先需要使用光线传感器，如图 20-1 所示。

　　光线传感器使用 CDS 光敏电阻感知光线强度，在不同强度的光线照射在光敏电阻上时，其电阻值会发生改变，经过中间 LM358 运算放大器处理，将电阻的变化转换为电压的变化，并通过 SIG 输出，这样就可以通过读取传感器的电压值获取当前环境的亮度信息。光线传感器的连接方式如图 20-2 所示。

图 20-1　光线传感器

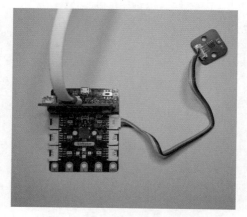

图 20-2　光线传感器的连接方式

　　如图 20-2 所示，我们连接好电路，光线传感器连接 micro:bit 扩展板的 P0 端口，通过 USB 数据线将 micro:bit 开发板和计算机相连。在编程界面中，和接入的 micro:bit 开发板配对（参考第二课"设备配对"）是使用串口通信的一个必需步骤。在这里，我们用到两个新的指令"组合字符串"和"向串口写入一行"，如图 20-3 和图 20-4 所示。

图 20-3　组合字符串

图 20-4　向串口写入一行

组合字符串指令的功能是将标签中的字符串拼接成一个字符串，例如在图 20-3 中，将"您好"和"世界"拼接为"您好世界"。

向串口写入一行指令的功能是 micro:bit 开发板通过串口将标签中的字符发送到接收端。在这里，通过 USB 数据线将 micro:bit 开发板与计算机相连并进行设备配对，因而此处串口的接收端为计算机。编写的程序如图 20-5 所示。

图 20-5　参考程序

在图 20-5 程序中，使用变量 second 存储时间信息，使用变量 LightAnalogValue 存储光线传感器的检测值。在无限循环程序中每隔 1s，将时间变量增加 1，读取一次当前的传感器检测值，将读取到的数据组合成"时间，传感器检测值"的格式通过串口发送到计算机端。

通过单击"下载"按钮，将程序下载到 micro:bit 开发板中。需要注意的是，在编程界面中多出了"显示控制台 模拟器"和"显示控制台 设备"两个选项。

"显示控制台 模拟器"选项是模拟串口通信的过程，用来检查程序的逻辑是否正确；"显示控制台 设备"选项是将计算机通过串口实际接收到的数据显示出来。"显示控制台 模拟器"选项和"显示控制台 设备"选项如图 20-6 所示。

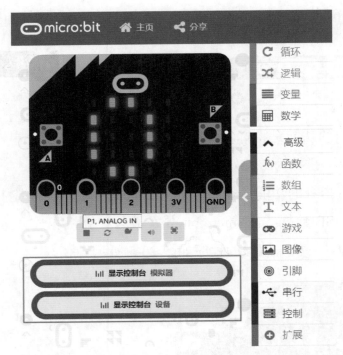

图 20-6 "显示控制台 模拟器"和"显示控制台 设备"

在已经和设备配对的情况下，当使用串行命令和计算机通信时，浏览器会自动检测并且弹出这两个选项。在"显示控制台 设备"选项中，可以看到 micro:bit 开发板发送过来的数据，如图 20-7 所示。

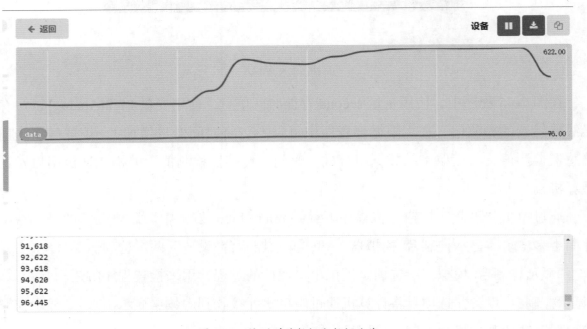

图 20-7 检测到的数据和数据曲线

如图 20-7 所示，下方的窗口中显示的是当前计算机通过串口接收到的数据。上方的窗口中显示的是接收到的数据随着时间变化的曲线，其中绿色线代表时间数据，紫色线代表检测值的信息。

小贴士：

串行通信是一个大类，包括许多种类型，如 SPI、I^2C、USART 等，是用来在不同电子设备之间交换数据时所用的技术，其设计的目的就是要实现不同电子设备之间的"通信对话"。其中，USART 在 micro:bit 开发板上又被称为串口通信，也称同步／异步收发器，需要通过设定波特率来协调发送端和接收端的动作，从而实现数据传输功能。本书中的计算机通过 USB 接口和 micro:bit 开发板建立连接，micro:bit 开发板上有 USB 转串口电路，因而实际使用的通信协议为 USART（串口通信）。

二、数据存储和分析

micro:bit 编程平台绘制曲线的功能非常有限，在一般情况下，当接收到数据后，希望能直观地看到数据的变化范围，有时甚至是希望能看到数据的最大值、最小值、平均值等关键信息。这里就需要将数据保存下来，使用 Excel 等数据分析软件做进一步的处理。在"显示控制台　设备"选项界面的右上角，可以看到三个按钮，从左到右分别是"开始和关闭数据接收""下载 CSV 格式数据""下载文本数据"，如图 20-8 所示。

如图 20-9 所示的分别是下载到的 CSV 格式数据和文本数据。

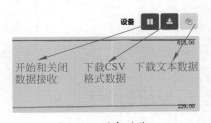

图 20-8　设备功能

图 20-9　CSV 格式数据和文本数据

本次实验收集数据的方式是将光线传感器从远处逐步靠近光源。这里使用 Excel 导入文本数据的方式将下载的文本数据导入 Excel 中。导入过程如图 20-10 和图 20-11 所示。

导入数据后，可以使用 Excel 的数据处理功能对数据进行处理和分析，这一过程此处就不再加以讨论了。

BitStarter Kit 与中学生编程基础

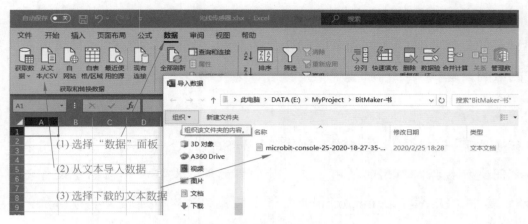

图 20-10　导入过程（1）

microbit-console-25-2020-18-27-35-0800.txt

图 20-11　导入过程（2）

三、拓展与提高

通过上面的实验，我们已经掌握了基本的数据分析和处理的能力。按照上面的方式我们可以将光线传感器替换为温 / 湿度传感器，采集室内的温度或湿度数据，并分析一天中室内环境温度或湿度的变化，还可以思考影响这些变化的因素。

第二十一课　使用计算机控制micro:bit

既然 micro:bit 可以通过串口上传数据到计算机，同样，计算机端也可以通过串口将数据发送到 micro:bit。本节课我们将实现计算机通过串口控制 micro:bit 的功能。

一、串口接收

先来学习一个新的编程指令"从串口读取，直至遇到"，如图 21-1 所示。

这个指令用于接收串口数据，并且在遇到某个特殊字符后会停止接收串口数据。单击该指令右侧的 ● 按钮可以选择字符作为停止标志位。

如图 21-2 所示指令是选择符号"#"作为停止标志位，表示当遇到符号"#"后，停止继续从串口接收数据。例如，通过计算机发送数据"Left#"，则 micro:bit 开发板通过串口接收数据，遇到"#"后停止，实际接收到的数据为"Left"。由此可以编写一个通过计算机控制 micro:bit 开发板显示方向的程序，当接收到计算机发送的"Left""Right""Up""Down"指令时，micro:bit 开发板的 LED 灯点阵面板会显示相应的箭头指示方向。

从串口读取，直至遇到　换行 ▼

图 21-1　从串口读取，直至遇到

从串口读取，直至遇到　# ▼

图 21-2　"#"作为停止标志位

首先需要定义 4 个函数，即"Right""Up""Left""Down"，它们分别表示接收到不同指令时 micro:bit 开发板需要做出的响应，如图 21-3 所示。

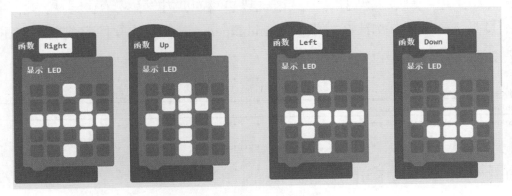

图 21-3　定义 4 个函数

定义好函数功能后，接下来需要实现解析指令的功能。在"当开机时"程序段中，显示笑脸图案并且发送"Ready to receive"到计算机时，表示 micro:bit 开发板已经开启，并且可以接收串口程序。

在无限循环程序段中，使用"从串口读取，直至遇到 #"指令接收串口数据，使用逻辑块"如果为……调用……"指令判断接收到的串口数据，并做出响应。参考程序如图 21-4 所示。

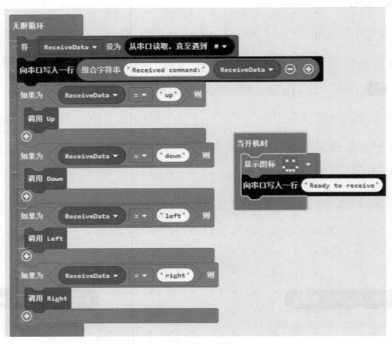

图 21-4　参考程序

编写好程序后，单击"下载"按钮将程序下载到 micro:bit 开发板中。

需要使用串口工具将数据通过串口发送到 micro:bit 开发板。串口工具有很多，本书使用的工具是 Arduino 中文社区提供的 openjumper。下载安装软件完成后，双击解压即可运行，如图 21-5 所示。

avrdude	2013/12/28 0:57	文件夹	
OpenJumper™ Serial Assistant 1.3.6.exe	2013/12/28 1:08	应用程序	195 KB
OpenJumper™ Serial Assistant 1.3.6.exe.config	2013/8/19 20:37	XML Configurati...	2 KB

图 21-5　运行 openjumper 文件

打开软件后，需要选择当前连接的 micro:bit 开发板的端口号。设备的端口号在设备管理器—端口中查看 mbed Serial Port（COM26）文件后对应的端口号即可，如图 21-6 所示。

图 21-6　查看对应的端口

单击"打开串口"按钮，将"波特率"修改为 115200，在"发送区"输入要发送的数据，单击"发送"按钮，即可将数据通过串口发送到 micro:bit 开发板中，如图 21-7 所示。

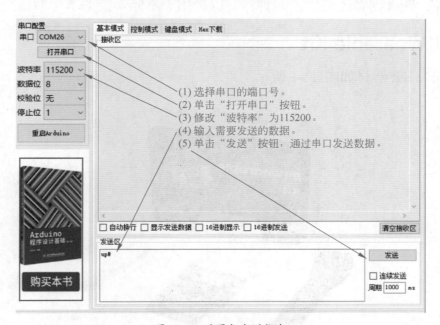

图 21-7　设置与发送指令

注意：发送数据需要加"#"作为命令结束符。

二、拓展与提高

本节课我们学习了使用串口通信功能实现计算机对 micro:bit 开发板的控制，请同学们想一想是否可以改进之前课程中的操作，通过增加串口控制的功能，让本次操作变得更加有趣和可控呢？

第二十二课　其他产品的应用

本书中使用的器材是柴火创客的 BitGadget Kit，这款器材提供了多种传感器和直流电动机、伺服电动机，结合 micro:bit 开发板我们不仅可以学习编程，还能进行创客活动。除此之外，柴火创客还提供了多种器材以适用于不同学龄的学生们使用。

一、BitWearable Kit

BitWearable Kit 器材如图 22-1 所示。

图 22-1　BitWearable Kit 器材

BitWearable Kit 器材的电子模块如图 22-2 所示。

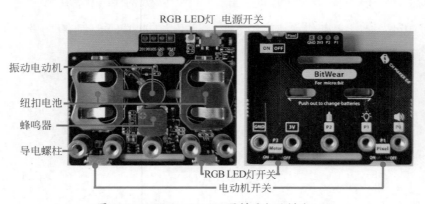

图 22-2　BitWearable Kit 器材的电子模块

BitWearable Kit 可以使用纽扣电池给 micro:bit 开发板供电，而且它还有振动电动机、蜂鸣器等设备，这些都可以让它变得更炫酷、更好玩。

BitWearable Kit 可以制作的项目如下。

1. 瞌睡提醒装备

下载程序后，用双面胶将 micro:bit 开发板贴在背部，然后慢慢弯腰，模仿打瞌睡时的状态。当 micro:bit 开发板倒下时，LED 灯屏幕会显示爱心图案，蜂鸣器会发出"dadadum"的声音。

2. 剪刀、石头、布

当摇动 micro:bit 开发板时，LED 灯屏幕会随机显示剪刀、石头或布的图案，然后就可以进行人机游戏了，如图 22-3 所示。

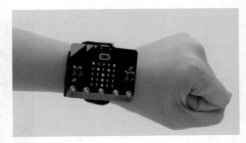

图 22-3 人机游戏

3. 运动计步器

把 micro:bit 开发板戴在手上或脚上，运动一段时间后，单击 A 键可查看所走的步数。

二、BitStarter Kit

BitStarter Kit 器材如图 22-4 所示。

图 22-4 BitStarter Kit 器材

BitStarter Kit 器材的电子模块如图 22-5 所示。

图 22-5　BitStarter Kit 器材的电子模块

我们可以利用 BitMaker Lite 自带的蜂鸣器制作音乐歌曲。

超声波测距传感器是一种可以发出和接收超声波的电子模块，它能够通过计算检测出距离 4m 内的障碍物。超声波测距传感器如图 22-6 所示。

滑动电位开关是一种线性可变电位开关，开关的最大电阻为 10kΩ。将开关从一侧向另一侧滑动时，其输出电压范围为 0 V 至供电电压（V_{CC}）。滑动电位开关通过标准的 4 针 Grove 电缆连接到其他 Grove 模块。其中的 3 个引脚分别连接到 OUT（引脚 1）、V_{CC}（引脚 3）和 GND（引脚 4），第 4 个引脚（引脚 2）连接到板载绿色指示灯。指示灯能够直观地表示电位计上的电位开关变化。滑动电位开关是输入模块，

图 22-6　超声波测距传感器

当开关滑向 V$_{CC}$ 端时，会增加某个数值，例如增加灯光的亮度；当开关滑向 GND 端时，则会降低某个数值，例如降低灯光的亮度，如图 22-7 所示。

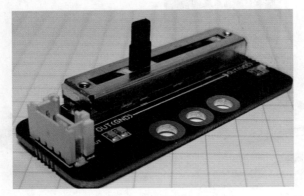

图 22-7　滑动电位开关

舵机是一种可以控制角度的驱动器，可以通过舵机让一些装置的角度发生变化。仔细观察舵机后会发现，舵机中间有一个像齿轮一样的金属轴，将它和舵盘摇臂结合在一起后，就像是一个小电风扇。从表面上看，舵机的功能就像电风扇的功能一样，但其实并不相同。当主控发出"转动"信号后，舵机能够判断要转动的角度，然后"命令"中间的轴转动，从而带动摇臂转动，这看起来就像电风扇转动一样。然而，两者的不同之处则在于电风扇是不停地旋转，而舵机是在 0°~180° 的范围内来回转动，并且是通过编程控制转动的角度。在电视上看到的能够跳舞的机器人，它们的手臂可以上下摆动就是因为用到了舵机。

BitStarter Kit 可以制作的项目如下。

1. 音乐播放器

开机时，播放生日歌 1 次，并在 micro:bit 开发板的 LED 屏幕上显示图案。

2. 超声波距离判断

如果超声波测距传感器检测到的距离小于 10cm，在 micro:bit 开发板的 LED 屏幕上则显示爱心图案，并等待 1s；否则在 micro:bit 开发板的 LED 屏幕上显示睡着的表情，并等待 1s。

3. 滑动电位开关播放旋律程序

通过滑动电位开关，播放不同的音乐旋律，效果如图 22-8 所示。

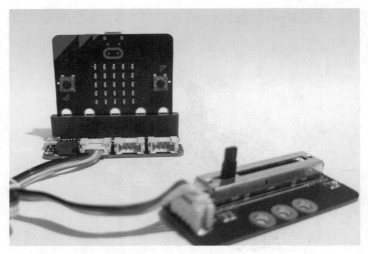

图 22-8　滑动电位开关播放音乐旋律

4. 舵机控制

按下 micro:bit 开发板上的按钮 A 和按钮 B，舵臂能够相应地进行左、右摆动，并且 micro:bit 开发板的屏幕上会显示左、右箭头，如图 22-9 所示。

5. 滑动的翅膀

如果滑动电位开关的值小于 500，则舵机转到 90°，暂停 0.1s；否则舵机转到 180°，暂停 0.1s，如图 22-10 所示。

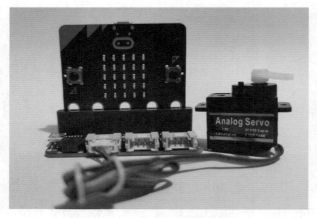

图 22-9　舵机控制效果

图 22-10　滑动的翅膀效果

三、BitCar And BitPlayer

BitCar And BitPlayer 器材的外表及各部分介绍如图 22-11 所示。

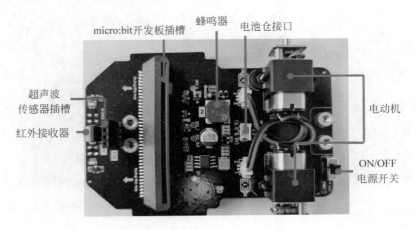

图 22-11　BitCar And BitPlayer 器材

BitCar And BitPlayer 可以制作的项目如下。

1. 巡线小车

小车启动后，可以按照黑线巡线行驶，如图 22-12 所示。

图 22-12 巡线小车

2. 避障小车

小车启动后，可以按照黑线巡线行驶，如果遇到障碍物则停止前进。

3. 遥控小车（micro:bit 开发板控制）

小车启动后，如果 micro:bit 开发板上的按钮 A 被按下，则小车前进；如果 micro:bit 开发板上的按钮 B 被按下，则小车后退。

参 考 文 献

[1] 陈宝杰，沙靓雯 . 麦昆机器人和 micro:bit 图形化编程 [M]. 北京：清华大学出版社，2019.

[2] 贾浩云，汪慧容，童培杰 . Scratch·爱编程的艺术家 [M]. 北京：清华大学出版社，2018.

[3] 高旸，沿凯 . 中学生 Python 与 micro:bit 机器人程序设计 [M]. 北京：清华大学出版社，2020.

[4] micro:bit 编程网站 . https://makecode.microbit.org.